中国大小兴安岭

图黏
鉴菌

Atlas of *Myxomycetes* in the Greater and Lesser Khinggan Mountains in China

刘淑艳　李　玉　赵凤云　著

中国农业出版社

北　京

图书在版编目（CIP）数据

中国大小兴安岭黏菌图鉴 / 刘淑艳，李玉，赵凤云
著 . —北京：中国农业出版社，2023.2
ISBN 978 - 7 - 109 - 30422 - 2

Ⅰ. ①中… Ⅱ. ①刘… ②李… ③赵… Ⅲ. ①大兴安
岭 - 森林 - 粘菌 - 图集②小兴安岭 - 森林 - 粘菌 - 图集
Ⅳ. ①S718.83-64

中国国家版本馆CIP数据核字 (2023) 第019559号

中国大小兴安岭黏菌图鉴
ZHONGGUO DAXIAOXING'ANLING NIANJUN TUJIAN

中国农业出版社出版
地址：北京市朝阳区麦子店街18号楼
邮编：100125
责任编辑：冀　刚
版式设计：书雅文化　　责任校对：吴丽婷　　责任印制：王　宏
印刷：北京通州皇家印刷厂
版次：2023年2月第1版
印次：2023年2月北京第1次印刷
发行：新华书店北京发行所
开本：787mm×1092mm　1/16
印张：8.75
字数：198千字
定价：98.00元

黏菌属于变形虫界（Amoebozoa）真菌虫门（Eumycetozoa）黏菌纲（Myxomycetes）。黏菌的无性营养生长阶段为裸露的无细胞壁多核的原生质团，形体多变，如变形虫；而在有性阶段形成具有细胞壁的孢子，类似真菌。黏菌广泛分布于不同的陆地生态系统，特别是在温暖潮湿的森林中具有更加丰富的物种多样性。绝大多数黏菌营腐生生活，是生态系统的重要分解者，在自然界的物质与能量循环过程中发挥重要的生态功能。黏菌对人类的影响是双面的，有的黏菌在高温高湿条件下会导致一些作物幼苗萎蔫，甚至死亡，如花生、黄瓜、草莓等；有的黏菌以真菌孢子和孢丝为食，给食用菌栽培带来危害。

　　在自然条件下，黏菌子实体普遍较小，难以观察，对于绝大多数不从事菌物和原生动物的研究者来说比较陌生。但是，许多黏菌的子实体非常鲜艳美丽，成为摄影爱好者拍摄的主角，通过他们的作品增加了人们对黏菌的认知。目前，全世界已报道的黏菌有1 000多种，其中中国报道400多种，相比其他生物类群，还有大量的黏菌有待发现、认识和研究。

　　中国工程院院士李玉教授是我国著名的菌物学家，长期致力于菌物分类学、分子系统学、新品种选育与驯化研究，带领团队进行了广泛的野外考察、采集标本、收集菌物资源等。该书凝聚了李玉教授团队在大小兴安岭地区进行长期黏菌资源考察、标本采集、分类鉴定的成果，包括97种、97幅图版，详细介绍了该地区的黏菌物种多样性。特别是用彩色显微图片展示黏菌的子实体及各部分结构特征。读者可以清楚地看到黏菌的真实状态，具有丰富的观赏价值和重要的科学研究价值，是国内第一本关于黏菌的图鉴。该书的出版可以让更多的读者了解和认识美丽神秘的黏菌世界，丰富对我国菌物资源多样性的认知，是对从事菌物科研、教学和科普工作者及业余爱好者的奉献。有感于此，欣然作序。

中国科学院微生物研究所研究员
中国菌物学会理事长

2022年5月

前 言

Foreword

　　黏菌（slime molds）是广泛分布的一种特殊真核生物。按最新生物分类，属于变形虫界（Amoebozoa）真菌虫门（Eumycetozoa）。下分黏菌纲（Myxomycetes）、网柄菌纲（Dictyosteliomycetes）和鹅绒菌纲（Ceratiomyxomycetes）。本书主要研究的是黏菌纲（Myxomycetes 或 Myxogastrea）的有关类群。黏菌纲的营养体为黏变形体（amoebae）和原生质团（plasmodia），以与动物类似的吞噬方式取食，其繁殖阶段与真菌类似形成孢子。这种特殊的生活史，使黏菌被应用到各个科学研究领域，特别是受到生物学家、遗传学家等的青睐。黏菌的子实体用肉眼就可以发现，特别是那些颜色鲜艳、绚丽的类群，人们常常被其美丽所吸引并为之惊叹，即便是从事黏菌研究多年的专家学者们，每当他们发现一个新的物种或类群还是会发出惊叹。但是，与其他生物类群相比，黏菌的研究广度和深度还有待加强，特别是对其地理分布的调查仍然很少。

　　我国黏菌研究一直处于世界领先地位。李玉院士团队已经出版了 4 本黏菌方面的专著，包括《中国真菌志·黏菌卷Ⅰ》和《中国真菌志·黏菌卷Ⅱ》。但还没有出版过关于黏菌的彩色图鉴。本书正好填补了这方面的空白。希望通过这本图鉴能让更多的人有机会认识和发现黏菌，培养对黏菌的研究兴趣。

　　大小兴安岭作为我国的主要山脉之一，位于黑龙江省和内蒙古自治区。这里的物种资源非常丰富，特别是森林资源。而黏菌主要的生活环境就是森林，是森林生态系统中主要的物质分解者之一。但是，目前关于大小兴安岭的黏菌资源报道很少，且没有成为体系。因此，希望通过我们对大小兴安岭黏菌的资源调查，完善该地区黏菌的物种资源种类和分布。同时，希望本书作为黏菌的资料信息来源之一，可以帮助不同领域的人们打开黏菌世界的大门，还可以作为参考书，为黏菌的分类学研究人员及其相关领域的科研人员，菌物学、生物地理学和生态学领域的学者、科研人员以及对黏菌感兴趣的读者提供研究资料。

本书是多人集体努力的成果。衷心感谢吉林农业大学食药用菌教育部工程研究中心提供研究场所和设备及全体老师给予的帮助。感谢科技部科技基础性工作专项项目（2014FY210400）的资助。感谢科技部科技基础专项项目组全体成员对本项目的大力支持与帮助。感谢姜文涛、柳建、唐淑荣、阮文宁、李佳妮、管观秀、邱鹏磊、阎威文等人在标本采集、整理过程中提供的帮助。

在我们生命中的某个时候，某个人或是某件事出现了，并把我们带进某个未知的世界，了解一个新的世界。但是，谁会对我们产生这样的影响呢，我们可能并不知道。希望通过此书，将不知道黏菌的人带到黏菌世界中，与我们一起认识黏菌、了解黏菌，进而开始黏菌研究。

著　者

2022年9月

目 录
Contents

1 黏菌概述

1.1 什么是黏菌

广义的黏菌（slime molds）又称裸菌（Gymonnomycota），是指那些营养生长阶段为没有细胞壁的、裸露的原生质团，而繁殖阶段产生孢子的一群真核生物的统称，主要包括原生质团黏菌（plasmodial slime molds）和细胞状黏菌（cellular slime molds）两大类。本书中的黏菌指的是原生质团黏菌，又称为真黏菌（true slime molds），属于变形虫界（Amoebozoa）真菌虫门（Eumycetozoa）黏菌纲（Myxomycetes）。黏菌的营养阶段是独立生活的多细胞核、无细胞壁的能运动和捕食的原生质团，之后形成子实体，子实体成熟后，囊被裂开或脱落释放孢子，这些孢子通过空气或动物载体传播。在合适的环境条件下，这些孢子可以萌发，形成原生质团并发育为成熟的子实体（李玉、刘淑艳，2015）。

1.2 黏菌的生活史

黏菌的生活史是指自其上一代产生的子实体中的孢子萌发开始，经过营养生长阶段和繁殖阶段到下一代子实体成熟为止的个体发育全过程。黏菌的生活史包含营养体和繁殖体两个阶段。本书引用了多头绒泡菌 *Physarum polycephalum* 的生活史示意图说明黏菌的各生活史阶段（图1.1）。营养体阶段为可以摄食和运动的黏变形体（myxamoebae）和原生质团（plasmodium）。黏变形体是孢子萌发后释放出的单核无固定形态的胞体，水分充足时可以转化成带鞭毛的游动胞；原生质团是由一层薄的质膜和胶黏质鞘包着的原生质，能够进行爬行运动并捕食。

黏菌的生活史从孢子萌发开始，在适当的条件下，孢子萌发释出 1～4 个游动胞（swam cell）或黏变形体，二者在条件不适宜时可转变成微胞囊（microcyst）；在条件适宜时，经过多次分裂形成大群。遗传可亲的游动胞或黏变形体可成对交配，经过质配、核配形成双倍体的结合子（zygote）。在黏菌中存在同宗配合和异宗配合现象，

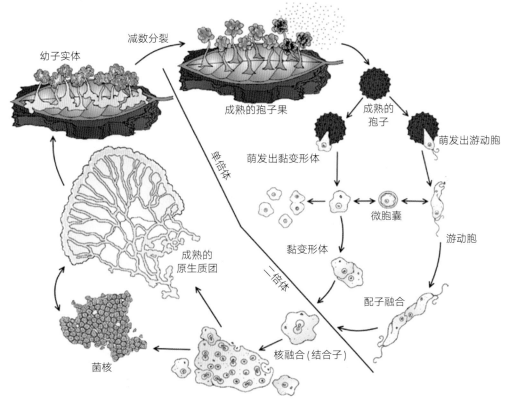

图1.1　多头绒泡菌 *Physarum polycephalum* 的生活史示意图

（引自 Keller et al.，2017）

多头绒泡菌属异宗配合种类，黄柄钙皮菌 *Didymium iridis* 为同宗配合。结合子的生长伴随着一系列的核有丝分裂，但细胞不分裂，从而形成多核的原生质团。原生质团可以摄食细菌及其他有机体，反映了黏菌像动物的一面。一个大的原生质团可以被分割为几个而各自独立生活，而这些小原生质团相遇时也可以合并成一个大的原生质团。繁殖体阶段为形成静止的产孢结构（子实体，fruiting body）：生长成熟的原生质团在环境条件适宜时按照种的形态特征转变成一个或一群子实体，每个子实体内包含大量孢子。在形成孢子的过程中，双倍体的细胞核进行减数分裂，变为单倍体，完成世代交替的过程，这一特征则反映了黏菌与真菌相像的一面。

1.3　黏菌的形态结构

形态结构是生物分类的主要依据。用于黏菌分类的形态结构主要包括子实体和原生质团。黏菌的子实体大小差异很大。有些很小，不到100μm，需要借助显微镜才能检查到；有些则大得多，引人注目，肉眼可见，大小可达76cm×56cm（Keller et al.，2017）。黏菌子实体又称孢子果（sporocarp），有柄或无柄。黏菌中一些特定的物种根据子实体的特征就可以确定。例如，一些形状和颜色比较独特的物种，可以通过图片或直接观察识别完成鉴定。然而，大多数种类还是需要显微镜检查孢子和孢子果的内部结构才能完成鉴定。鉴定过程中，会发现许多"看起来像"的物种，它们出现在相似的栖息地，具有相似的特征。这些需要根据黏菌相关专著进行仔细的微观特征观察分析才能将其区分（Keller et al.，2017）。Martin、Alexopoulos（1969）出版的世界黏菌专著 *The Myxomycetes*，至今仍被许多人认为是黏菌分类方面最权威的著作。Poulain 等（2011）出版的 *Lés Myxomycètes* 是一套法语和英语相对应的黏菌专著，且配有彩色黏菌图片，但价格较高。Stephenson、Stempen（1994），Keller、Braun（1999）分别出版的两本专著更有利于初学者学习黏菌。根据Lado（2005—2021）的统计，现在已被描述的黏菌物种大约有 1 000 种。

黏菌的子实体在自然生境中较为明显，它们通常被采集后保存在标本馆用于种的鉴定。在黏菌出版物中，发现大多数专业术语都与子实体及其结构有关。但在文献资料中并不是每一个术语都有定义，因为有些术语看起来太模糊，而且用处也有问题。因此，为了方便读者阅读和学习，这里根据李玉等（2008a）、Keller 等（2017）的报道，针对黏菌营养阶段的原生质团类型和繁殖阶段子实体的特征，整理了一些比较常用且已定义的形态学术语，现分述如下。

1.3.1　原生质团 Plasmodium

原生质团是独立生活的、多核而非细胞结构的，仅有表面质膜而没有细胞壁的，能变形、移动和摄食有机物体的一团原生质。原生质团是黏菌的营养生长阶段，从营养生长阶段转入繁殖阶段时，原生质团转变为一个或一群非细胞结构的子实体，在子实体的表面或里面产生许多孢子。

大多数黏菌的原生质团大部分时间隐藏在各种基物的空隙中生活，到形成子实体时才转移到基物表面，所以在自然条件下往往不容易看到。原生质团的形状、大小、颜色和结构，都是分类的依据。根据已经观察到的原生质团的性状，可以分为以下 3 个类型。

（1）原始型原生质团 Protoplasmodium。这是最小的一种原生质团。最简单的原始类型，野外很难见到，一般直径不足 1mm，质地均一，颗粒状结构明显，不呈扇面状，也不呈脉条状，只有缓慢地不规则流动。每个原生质团只形成一个单独的、微小的子实体。刺轴菌目 Echinosteliales 和无丝菌目 Liceales 中的一些种的原生质团属于此型。

（2）隐型原生质团 Aphanoplasmodium。这是原生质团的一种，呈平薄透明分枝线条状网体，原生质颗粒状结构不明显，无黏质鞘，缺乏极性和方向性运动，不呈扇面形扩展或不明显。在自然界常隐匿于基物内部空隙中，直至形成子实体时才移到基物表面进而很快形成子实体，一般不易见到。发网菌目 Stemonitales 下的发网菌属 *Stemonitis*、发菌属 *Comatricha* 和亮皮菌属 *Lamproderma* 的原生质团属于此型。

（3）显型原生质团 Phaneroplasmodium。这是最大、最明显的原生质团类型，该类型的原生质团颜色多样。在基物上常易见到，伸展面的前部呈扇形，边缘明确，后部为网脉状，脉络中胶体部和流体部易辨，具有极性和定向运动的特性（图1.2）。原生质团爬过之后会留下沉积排泄物质，通常在基物，特别是叶片上会发现"原生质痕

迹"，即原生质鞘（图1.2中红色箭头所指）。一个显型原生质团通常能产生许多子实体，这些子实体可覆盖较广泛的区域。绒泡菌目 Physarales 的原生质团属于此型。

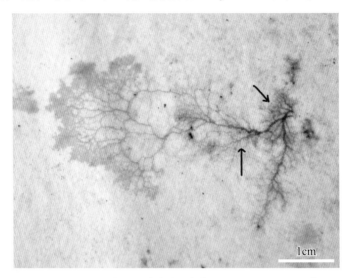

图1.2 显型原生质团（淡黄绒泡菌 *Physarum melleum*）

1.3.2 菌核 Sclerotium

在不利的条件下，如低温、水分减少、营养物质减少和衰老等因素，由原生质团形成的一种休眠结构（图1.3）。当条件适宜时，菌核可再恢复成原生质团。

图1.3 淡黄绒泡菌 *Physarum melleum* 培养时形成的黄色菌核

1.3.3 子实体 Fruiting body

子实体是黏菌产孢结构的总称。黏菌的子实体形态结构复杂多样，是分类鉴定的重要依据。孢子被囊被所包裹的黏菌类群，称为孢子内生（Endosporous）类群。例如，刺轴菌目Echinosteliales、无丝菌目Liceales、团毛菌目Trichiales、绒泡菌目和发网菌目。鹅绒菌目Ceratiomyxales孢子外生，且基于分子生物学证据，该目现已经划出黏菌纲Myxomycetes。黏菌的子实体通常被称为孢子果（sporocarp）或孢子囊（sporangium）（Clark and Haskins，2014）。黏菌子实体通常包含4种类型：单个孢子果（sporocarp）、联囊体（plasmodiocarp）、复囊体（aethalium）和假复囊体（pseudoaethalium）。

（1）孢子果Sporocarp。黏菌常见的子实体类型为一个个分开或聚集在一起的孢囊，孢子果有柄或无柄（Martin and Alexopoulos，1969；李玉等，2008a、2008b）。如亮皮菌 *Lamproderma columbinum* 的子实体就是有柄孢子果（图1.4a），盖碗菌 *Perichaena corticalis* 就是无柄孢子果（图1.4b）。对于某些子实体非常微小的黏菌，一个原始型原生质团仅能产生一个孢子果，如在刺轴菌属 *Echinostelium* 中的类群；而一个大型显型原生质团则可以产生成百上千的一群孢子果，每一孢子果各有自己的囊被并有共同的一薄层玻璃纸状的基部即基质层，如多头绒泡菌（Martin and Alexopoulos，1969；Stephenson and Stempen，1994）。

（2）联囊体Plasmodiocarp。联囊体是一种无柄、伸长、蠕虫状、分枝的网络或环状子实体，在一定程度上保持着原生质团的分枝状态。这是在形成子实体过程中原生质围绕着原生质团若干主脉集中，并分泌出外膜形成的一种结构。因此，仍保留着当时原生质团的脉络状态。所以，形成长短不等、或直或曲、或呈环状或网脉的形状。蛇形半网菌 *Hemitrichia serpula* 是典型的联囊体类型之一（Martin and Alexopoulos，1969；李玉等，2008a）（图1.4c）。孢子果虽然互相联结，一般还可以看得出个体的结构，也还夹杂有个别的单独不联合的孢子果，所以在无柄孢子果和短联囊体之间很难划清界限。在绒泡菌目中有很多物种的子实体是这样的类型，如扁绒泡菌 *Physarum compressum* 既有有柄孢子果、无柄孢子果的子实体类型，又有联囊体类型（Martin and Alexopoulos，1969）；灰绒泡菌 *P. cinereum* 也是既能形成无柄孢子果，也能形成短的联囊体子实体（Keller and Braun，1999；Martin and Alexopoulos，1969）。

（3）复囊体Aethalium。复囊体为大型的、有时呈块状、有时为垫状的子实体，是许多无柄孢子果错综复杂紧密堆集交织在一起形成的，表面有共同的皮层结构。在一些复囊体中，个别的孢囊壁相当明显，而有些种中则较难见到，还有一些则没有一点孢囊壁的痕迹。煤绒菌属 *Fuligo*（图1.4d）和粉瘤菌属 *Lycogala*（图1.4e）两个属中所有种的子实体类型都是复囊体（Martin and Alexopoulos，1969；Stephenson and Stempen，1994）。这些类群因其子实体个体相对较大（大型复囊体可达50cm×70cm），且经常出现在城市景观中而被人们广泛熟知（Keller et al.，2016）。

（4）假复囊体Pseudoaethalium。假复囊体为许多孢子果紧密挤集或堆叠而成，外形像复囊体，但各个孢子果仍保持各自分明的结构且并不融合，表面也没有共同的外皮结构（图1.4f、图1.5a），这与复囊体（图1.4d、图1.4e）完全不同。假复囊体中孢子果保留内部侧壁的程度因种而异。在筒菌属 *Tubifera* 中孢子果仅部分融合，侧壁仍然完整，如筒菌 *T. ferruginosa*（图1.4f）。在线筒菌 *Dictydiaethalium plumbeum* 中（图1.5），

孢子果的顶部仍然可以辨认出一个个孢囊（图1.5b）。但是，内部侧壁却不能将每个孢子果分开，且孢子果壁仅角部残留为线状（Keller and Braun，1999）。

图1.4　黏菌的4种子实体类型

a. 有柄孢子果（亮皮菌*Lamproderma columbinum*）　b. 无柄孢子果（盖碗菌*Perichaena corticalis*）
c. 联囊体（蛇形半网菌*Hemitrichia serpula*）　d. 复囊体（平滑煤绒菌*Fuligo lavis*）
e. 复囊体（粉瘤菌*Lycogala epidendrum*）　f. 假复囊体（筒菌*Tubifera ferruginosa*）

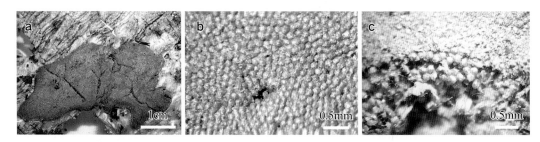

图1.5　假复囊体（线筒菌*Dictydiaethalium plumbeum*）

a. 假复囊体的宏观图　b. 假复囊体的孢子果顶部　c. 假复囊体的内部侧壁开裂，没有单个孢子果

　　有柄孢子果是黏菌纲中大多数种的基本形态单元。然而，这些子实体类型转变融合成另外一种类型时，多开始于孢子果，从独立的孢子果逐渐转变为蠕虫样的联囊体。然后，通过不同程度的融合，形成一个假复囊体，这里仍然保留单个孢子果的特点，如线筒菌属和筒菌属的种类（Keller et al.，2017）。最后，可能形成一个复囊体。孢子果的顶部和侧壁变成一个更大的团块状结构，而失去各自的独立性。这些为产生和释放孢子而形成的不同子实体策略代表了孢子最大数量传播的进化策略。一个显性原生质团可以形成成千上万个有柄孢子果，每个孢囊的孢子较少。相比之下，联囊体和复囊体形成一个单一的子实体，释放出成千上万个孢子。这些子实体类型在分类上属于

不同的黏菌目，但均确保了最大的孢子形成和释放能力（Keller et al.，2017）。

1.3.4 孢子果的各部分结构

典型的黏菌子实体（孢子果）由基质层、柄、囊被、囊轴、孢丝和孢子组成。但是，并非所有子实体都由这些部分组成，因种而异。黏菌孢子果的各部分主要形态学结构特征如图1.6所示，下面对各个结构分别进行描述。

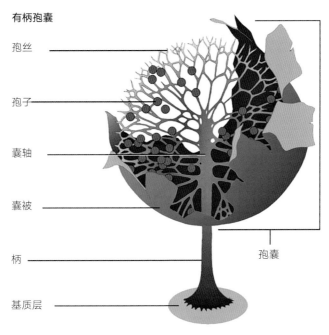

图1.6　有柄孢子果的子实体结构

（引自Leontyev et al.，2019）

（1）基质层Hypothallus。原生质团形成子实体时，一部分原生质遗留在子实体下面和基物的表面，或是原生质鞘简单地遗留在基物上干缩而成的结构就是基质层。明显的基质层常为薄膜质或坚硬的、明显或不明显的、无色或有色或有晕光的，同时也有海绵状、股索状及网脉状的。有的基质层是由一层石灰质组成。在单生或散生的子实体下面，基质层常为一小圆片（图1.6、图1.7）；在群生或密集丛生的子实体下面，基质层常为较大的一片，为一丛或一群子实体所共有。有的基质层延伸成为子实体的假柄。

（2）柄Stalk。将子实体的产孢部分抬高到基物之上的结构。黏菌子实体有的无柄，如盖碗菌（图1.4b），有的有柄（图1.4a、图1.6）。柄的长短、粗细、质地、颜色以及内含物等均有区别。大体分两类：一类为中空或股索状；另一类含有填充物。还有一些种似是有柄，实际不是柄，而是由基质层延伸发展而成的假柄，而真正的柄是经过分化形成的结构，明显不同于基质层或孢囊基部。

图1.7 鳞钙皮菌（*Didymium squamulosum*）的白色基质层（红色箭头所示）

黏菌柄的发育方式有3种类型：基质层下型、基质层上型和原始型，如图1.8所示。

基质层下型发育Subhypothallic development。原生质团形成孢子果时，表面的一层原生质转变为基质层，下面的原生质向上隆起而形成孢囊。在有柄的种类中，原生质通过柄内的空腔上移，最后常在柄内留下圆胞状的剩余原生质或从基物中混入的杂质颗粒。柄和孢囊的外表有一层原生质遗留的薄鞘，同基质层相连。这种柄的形成方式被称为基质层下型（图1.8a）。绒泡菌目黏菌的柄属于这种形成方式。

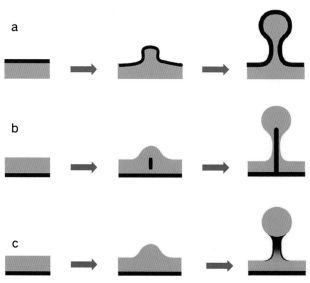

图1.8 黏菌3种柄发育方式（引自Leontyev et al.，2019）

a. 基质层下型发育 b. 基质层上型发育 c. 原始型发育

基质层上型发育 Epihypothallic development。原生质团接触基物的底层变为基质层，上面的原生质集中隆起形成孢子果。在有柄的种类中，柄是由上升的原生质柱体中分化形成的，常为中空或纤维状。由于没有原生质从柄内上升，因此柄内不含有圆胞状或杂质颗粒。柄和孢囊的表面没有基质层的薄鞘。这种柄的形成方式被称为基质层上型（图1.8b）。发网菌目的发菌属和发网菌属的柄属于这种形成方式。

原始型发育 Primary development。柄物质隐藏在原生质团的原生质里，但成熟的柄中包含有大量的杂质颗粒。这种柄的形成方式被称为原始型（图1.8c）。碎皮菌属的柄属于这种形成方式。

（3）囊被 Peridium。一种非细胞结构的壁，其厚度不同，它包裹着孢囊的全部内部结构，包括内生的孢子在内，成熟时破裂或消失后孢子散出（图1.6）。成熟时，囊被颜色多样，质地有膜质、软骨质、壳质、石灰质等。囊被的层数也不同，有的单层，如绿绒泡菌 *Physarum viride*（图1.9a）和辐射双皮菌 *Diderma radiatum*；有的双层，如扁盖碗菌 *Perichaena depressa*；有的3层，如星裂绒泡菌 *P. bogoriense*，互相联贴或分离。多数种类的囊被有不同程度的持久性，但有的囊被纤薄，在孢子果成熟时就早已完全消失。

（4）皮层 Cortex。子实体是复囊体的黏菌，有一层厚的钙质外壳，就是皮层，如煤绒菌属 *Fuligo*（图1.9b），这个结构出现在这个属的所有种中，与囊被（peridium）的作用和功能是一样的，都是保护里面的孢子。例如，光皮煤绒菌 *Fuligo leviderma* 的皮层就是子实体增厚的石灰质外壳。复囊钙皮菌 *Mucilago crustaea* 也有这种增厚的皮层，但与煤绒菌属不同的是，它由结晶体组成，不是细小颗粒的碳酸钙。

图1.9　囊被和皮层的比较

a. 红色箭头所示为黄色囊被（绿绒泡菌 *Physarum viride*）

b. 红色箭头所示为皮层（光皮煤绒菌 *Fuligo leviderma*）

（5）孢丝 Capillitium。子实体内部一组不孕的线状结构，实心或中空，简单或分枝或联结成复杂的网体，与囊轴或孢被相连，表面有各种纹饰，与孢子掺混在一起（图

1.6）。这里定义的孢丝是"真"孢丝，主要发生在刺轴菌目、团毛菌目、绒泡菌目和发网菌目的大部分类群。孢丝起着协助孢子并阻止所有孢子同时散出的作用。其中，团网菌属*Arcryia*和半网菌属*Hemitrichia*孢丝具有弹性，或多或少可以伸展（图1.10）。根据不同的特点，常见的孢丝有以下类型：分枝并联结的孢丝；分枝并联结成网的孢丝；有螺纹带和刺的孢丝；网状孢丝联结着膨大的石灰结；从囊轴伸出分叉的孢丝（图1.11）。

图1.10　具有弹性的孢丝（细柄半网菌*Hemitrichia calyculata*）

（6）假孢丝Pseudocapillitum。一种假定与真孢丝发育方式不同的孢丝，但目前还没有证据支持这个观点。典型的假孢丝是由一种线状、刚毛状、膜片状或带穿孔的片状，与孢子混杂在一起，线膜菌属*Reticularia*中就存在这种假孢丝（图1.12）。线状假孢丝的不同部位宽窄不一，很不规则，可以与孢丝相区别，有些复囊体中同时有孢丝和假孢丝。假孢丝实际是囊被的破碎或遗留部分，很小一部分是子实体形成时遗留的未分化而干缩的原生质。在粉瘤菌*Lycogala epidendrum*的复囊体中，假孢丝呈不规则管状，有明显的横褶皱，直径在6μm以上。

（7）表面网Surface net。多存在于发网菌属*Stemonitis*的类群中，由囊轴伸出的分枝孢丝，最终以囊轴为中心，在其表面融合成一个完整的网（图1.11b）。

（8）囊轴Columella。这是孢囊内的一种圆顶状、球形或细长的不孕性结构。通常是柄在孢囊内的延伸部分，大小变化比较大，是孢丝的支撑结构（图1.6）。有的囊轴仅为孢囊基部中央一个短的突起，有的可延伸到孢囊的顶部，如亮皮菌的囊轴高达孢囊的1/3～1/2（图1.13）。有无囊轴是黏菌物种鉴定的一个重要特征。在无丝菌目和团毛菌目中是没有囊轴的。

（9）假囊轴Pseudocolumella。这是在孢囊中部集结成的较大的石灰质团块，或球状体或棒状体，与囊轴很像，但通常与柄或囊被的内表面都不相连（图1.14）。例如，在白头高杯菌*Craterium leucocephalum*和星状绒泡菌*Physarum stellatum*中都能发现这种结构。

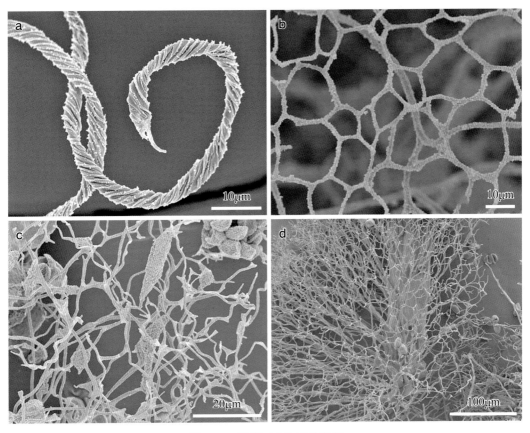

图1.11　黏菌4种孢丝的形态

a. 具有锯齿纹饰的孢丝（暗红团网菌*Arcyria denudata*）　b. 形成网络结构的孢丝——表面网［灰褐发网菌*Stemonitis pallida*，该图片引自张波（2018）］　c. 连接石灰结的孢丝（简单绒泡菌*Physarum simplex*）　d. 从囊轴伸出且分枝的孢丝（亮皮菌*Lamproderma columbinum*）

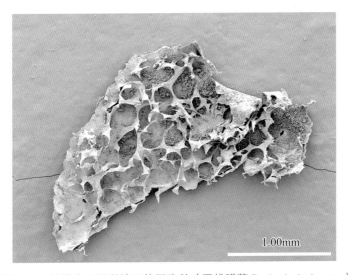

图1.12　扫描电子显微镜下的假孢丝（网线膜菌*Reticularia jurana*）

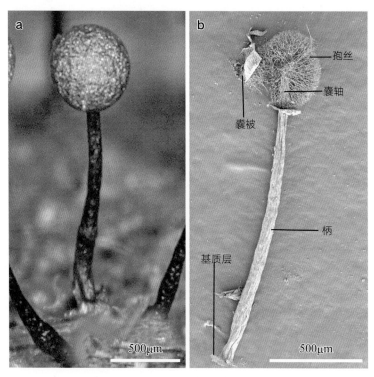

图1.13 亮皮菌（*Lamproderma columbinum*）的各部分结构

a. 子实体 b. 囊被、孢丝、囊轴、柄、基质层

图1.14 假囊轴（白头高杯菌 *Craterium leucocephalum*）

（引自Keller et al.，2017）

（10）石灰质Calcareous bodies或石灰结Lime knots。一部分黏菌种类的原生质团中含有较多的钙质（通常为碳酸钙），在形成子实体时被分泌出来，沉积在某些部位和结构中，表现为不定形的石灰质小颗粒或为某种形状的结晶体，无色或有色。石灰质沉积的部位可以在基质层中、柄和囊轴的表面及结构中、囊被的表面及结构中、孢丝中。石灰质的形态及其存在的部位和状态，都是鉴别种类的重要依据。例如，钙皮菌科与绒泡菌科的主要区别之一就是石灰质结晶体的形态，在扫描电子显微镜下前者为结晶体状石灰体（图1.15a），后者为微小的钙质球（图1.15b）。

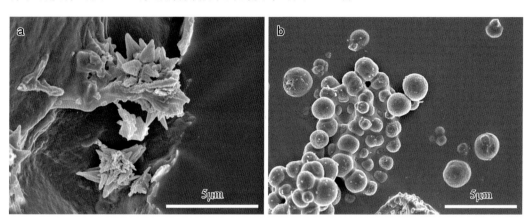

图1.15　黏菌石灰质的特征

a. 星芒状结晶（鳞钙皮菌 *Didymium squamulosum*）　b. 球形钙质（煤绒菌 *Fuligo septica*）

（11）孢子Spores。在子实体内形成微小的有细胞壁的单倍体繁殖单位。孢子大小、形状、颜色和纹饰是重要的分类特征。黏菌孢子通常为球形，以单个散生或聚集成松散或紧密的孢子簇。孢子壁上具点、刺、疣、脊、突起、网纹或网眼等纹饰（图1.16），有的则是近光滑的。成熟孢子的颜色各种各样，有苍白色、黄色、淡红色、紫色、青色、灰色、深紫色、褐色或黑色等。孢子直径范围5～22μm。

图1.16　黏菌的孢子纹饰

a. 疣（简单绒泡菌 *Physarum simplex*）　b. 脊（网孢高杯菌 *Craterium dictyosporum*）

c. 完整的网纹（棒形半网菌 *Hemitrichia clavata*）

黏菌分布广泛，可以捕食其他原生生物和细菌，几乎在整个陆生环境系统中都可以发现它们的存在。德国菌物学家Thomas Pankow在1654年发现粉瘤菌 *Lycogala epidendrum*，这是第一个被观察记录的黏菌（Stephenson and Rojas，2017）。黏菌一般喜欢栖息在潮湿的森林，腐烂的原木、树桩以及堆积的树叶、树皮等都能找到它们（李玉等，2008a；Poulain et al.，2011）。在人们生活的环境中，如在花坛中观赏花下的落叶上、堆积的稻草上，甚至是在草坪、活树皮和木本藤蔓上都能发现黏菌。许多黏菌的子实体很小，直径只有几毫米，需要用放大镜或体视显微镜才能观察到。黏菌多发生在雨季，在中国北方主要发生在7～10月，温度为20～32℃，有利于物种多样性的发生。有一些黏菌喜欢生活在相对恶劣的环境条件下，如亮皮菌属喜欢生活在海拔相对较高的地方，且多发生在雪线（Fiore-Donno et al.，2012）。在很多极端的环境，如沙漠、湿地（沼泽），甚至在北极苔原和亚南极的寒冷地区也能找到黏菌的存在（李玉等，2008a；李玉、刘淑艳，2015）。在了解了黏菌是什么样子之后，就可以很容易找到它们。通常研究用的标本多采自野外自然条件下发育成熟的子实体或在实验室条件下培养得到的子实体。

黏菌是世界性普遍分布的生物类群，当条件适宜时，地球上有植物残体的地方都可以有黏菌的存在。其中，影响黏菌发生的因素主要有温度、湿度、植被类群、pH和海拔等。

2.1 温度和湿度的影响

温度对黏菌的生长有着重要影响。有些黏菌只生长在热带森林（Rojas and Stephenson，2012；Schnittler and Stephenson，2000），如亚马孙森林，有些黏菌则喜欢生活在寒冷的地区（Wrigley de Basanta et al.，2010），甚至是高寒和极地地区（Ronikier and Ronikier，2009；Schnittler，2001；Schnittler and Novozhilov，2000）。但大多数黏菌仍分布在温带地区（Stephenson et al.，2008；Takahashi and Hada，2009、2012）。一般情况下，环境越湿润，黏菌种类也越丰富。但有些黏菌由于其优秀的适应性，对环境

湿度没有那么高的要求，不论是潮湿的环境还是干旱的环境都能发现它们的身影。甚至有少数的黏菌只喜欢生活在较为干燥的地区，可以发生在沙漠（Mandeel and Blackwell，2008）、草原（Lado，2007）和山区（Novozhilov et al.，2010）。这些地区常年干旱，降水量十分少。Schnittler、Stephenson（2000）调查研究了哥斯达黎加4个不同森林类型所包含黏菌的物种多样性，结果发现，90%的黏菌来自相对较干燥的森林地区。由此可以看出，黏菌不是一味地喜欢生长在十分潮湿的地方。2013年，Schnittler等对新疆塔里木盆地北部和部分天山地区的黏菌进行了研究。由于新疆地区较干旱，降水量十分稀少，因此主要通过采集基物进行湿室培养进而获得黏菌标本。结果表明，该地区黏菌物种同样丰富，共获得80个种，且在较极端的环境下更容易形成特有种，如 *Protophysarum phloiogenum*，目前该种只在干旱的环境下被发现（Schnittler et al.，2013）。

根据上面的调查研究可以发现，温度和湿度对黏菌不同物种的分布有着重要影响。目前已知的大多数黏菌发生在温带地区，这在某种程度上反映了野外采集活动地点的集中性。

2.2 植被类型的影响

在对黏菌资源调查的研究中发现，除了温度和湿度，黏菌物种丰富度及其生态分布与生活基质种类（植被类型）也有着重要的关系。长白山地处北半球暖温带，其植被类型随着海拔的变化呈现阶梯式变化，为研究黏菌与植被类型的关系提供了重要的研究场所。2004年，杨乐等从生态多样性的角度对长白山地区黏菌进行了较系统的研究。研究发现，针阔混交林中黏菌的组成十分丰富。同时发现，一年中7月上旬至9月中旬针阔混交林中黏菌子实体发生量最多，物种也最为丰富，而且有些黏菌之间有"共栖现象"。图力古尔等（2005）对长白山地区黏菌与植物群落类型进行了初步研究。结果表明，与其他植被群落相比，水曲柳+蒙古栎+红松林群落中黏菌多样性最丰富。这些研究都表明了植被类型对黏菌的物种发生有着重要的影响。

2.3 pH和海拔的影响

黏菌生活的微生境包含各种基质，不同基质的pH（酸碱度）不同。不同的pH对黏菌生长的影响也不同。2003年，Snell、Keller分析了不同pH对黏菌分布的影响，通过对5种树上黏菌的研究，结果证明，每种黏菌都有其生长的最适pH（Snell and Keller，2003）。随着海拔的变化，植被类型、温湿度等都会发生变化。因此，海拔对于黏菌物种多样性也有着较大的影响。Stephenson等（2004）发现，随着海拔的增加，黏菌的多样性和数量产生了较明显的下降。这一结果与Schnittler、Stephenson（2000）的调查结果较一致：黏菌的物种多样性在高海拔地区是比较低的，与很多其他生物的多样性一样。Ronikier A、Ronikier M（2009）的研究结果进一步证明了这一点。

上述研究表明，黏菌的发生及其物种多样性与各种环境因素有关。尽管有些黏菌喜欢生活在较为恶劣的环境，但是大多数黏菌还是喜欢生活在温湿度较适宜的森林。

3 黏菌的分类系统和鉴定

🌱 3.1 黏菌的分类系统

自从黏菌被科学家发现以来，黏菌的分类地位一直在植物、动物、真菌之间变动。在人们把生物划分为动物和植物两界时，它就是一个难以归属的特例。早期由于黏菌产生的气生孢子结构与某些真菌相似，而且通常出现在与真菌相同的生态环境中，因此黏菌传统上几乎只被真菌学家研究（Martin and Alexopoulos，1969）。然而，大量的分子证据证实它们是变形虫而不是真菌（Baldauf，2008；Bapteste et al.，2002；Yoon et al.，2008）。有趣的是，黏菌是原生动物这一事实早在1864年就由de Bary提出了，他将黏菌命名为Mycetozoa（字面意思是"真菌动物"，通常翻译为菌虫）。然而，直到20世纪下半叶，黏菌仍被大多数真菌学家认为是真菌（Stephenson and Rojas，2017）。

近代，普遍接受的生物界级分类是依据进化程度和营养生活方式不同将生物划分为五界系统，即动物界、植物界、真菌界、原生生物界、原核生物界，黏菌被划归到真菌界。但是，人们仍然感到这并不是一个十分理想的"归宿"。一些学者认为，黏菌应属于植物，依据是其繁殖体是静止的子实体，孢子壁含有纤维素；另一些学者认为，黏菌与原生动物有亲缘关系，论据是它们的孢子萌发产生变形体，原生质团裸露无细胞壁，且以摄食方式获取营养；还有一些学者认为，黏菌与真菌有亲缘关系，理由是它与某些真菌一样在摄食营养的同时也吸收营养，同时认为多核真菌的菌丝细胞壁与黏菌的原生质团鞘是同源的，孢子在子实体中产生，具有甲壳质和纤维素质的孢子壁。从起源上看，以摄食方式和鞭毛类型及其特征推断，黏菌显然与变形体鞭毛原生生物和根肿菌相似。所以，在生物八界系统中又将其归到了原生动物界Protozoa（李玉等，2008a；Kirk et al.，2008；Cavalier-Smith，2013）。随着分子系统学研究的不断深入，对黏菌在自然界中的地位确定起到了重要作用。Leontyev等（2019）基于黏菌的全长18S rDNA序列构建分子系统进化树，重新对黏菌的各分类单元进行了修订，并将黏菌归为变形虫界（Amoebozoa）。Wijayawardene等（2020）也将黏菌划分到了变形虫界（表3.1）。

1873年，Rostafinski第一个依据黏菌的显微特征提出了黏菌的分类系统。以此为基础，1874年他发表了第一部黏菌专著——*Śluzowce*（*Mycetozoa*）*Monografia*（Lado and Eliasson，2017）。Rostafinski所采用的分类等级是非常详细的，里面的很多标准至今仍在使用。1894年，Lister的 *Monograph of the Mycetozoa* 就是在Rostafinski的标准上对黏菌门的分类进行了重组。之后，由他的女儿Gulielma Lister对其进行了修订，在1911年出版了这本专著的第二版，但分类系统没有发生很大的变化。随后，在1925年的第三版中，对专著里的分类进行了更新，并调整到目前的标准（Lado and Eliasson，2017）。

Martin和Alexopoulos（1969）在他们的专著 *The Myxomycetes* 中总结了当时所能获得的关于黏菌的所有分类知识，并相应地调整了它们的分类。该专著中的分类体系得到广泛认可。他们在黏菌纲下分为2个亚纲，即鹅绒菌亚纲 Ceratiomyxomycetidae 和腹黏菌亚纲Myxogastromycetidae，前者为孢子外生，后者为孢子内生。在腹黏菌亚纲下分为5个目：刺轴菌目Echinosteliales、无丝菌目Liceales、绒泡菌目Physarales、发网菌目Stemonitales和团毛菌目Trichiales。之后，他们与Farr（1983）共同发表了 *The Genera of Myxomycetes*。这是以前工作的浓缩版本，其中增加了新的分类依据，如将原生质团的类型和子实体柄的形态发生纳入这些生物的分类。Cavalier-Smith（2013）利用动物学命名法，提出了一种基于进化和系统发育证据的黏菌新分类方法。尽管这个分类还没有得到巩固，但是包含了新的和有意义的信息。最近，Leontyev等（2019）基于分子系统学的研究，对黏菌的某些分类群进行了调整和修订，提出一个新的黏菌分类系统（表3.1），将黏菌纲分为2个亚纲、4个超目和9个目。Wijayawardene等（2020、2022）对真菌和类真菌类群的分类进行了重新概述，其中包含了黏菌的分类研究。为方便理解黏菌分类系统的变化，把主要分类系统进行了总结归纳，列于表3.1。

3.2 黏菌鉴定

黏菌鉴定主要依据的是形态特征，包括用肉眼、放大镜、解剖镜和显微镜，由表到里、由粗到细、从整体到各部分的形态结构观察。通常用微距相机对采集到的标本进行子实体整体形态记录。在解剖镜下对采集到的标本进行子实体类型、颜色、大小等特征的观察和记录。制作显微玻片，在显微镜下对孢丝、假孢丝、石灰质、石灰结、囊轴、孢子、柄等部分的特征进行观察、照相、测量和记录。

（1）显微玻片的制作与观察。显微玻片制作：在解剖镜下用解剖针剥开囊被，吹去大多数的孢子，留下要观察的孢丝、石灰结、囊轴等结构。然后，用85%的酒精浸润，去除气泡。酒精会使材料发生收缩，可在酒精未挥发完时，加一滴3%的氢氧化钾溶液，纠正酒精的收缩作用，使材料恢复膨胀状态。吸去多余的氢氧化钾。最后，加一滴8%的甘油作浮载剂，加盖玻片，吸去多余的甘油。甘油中的水分挥发完后，可用胶封住盖玻片。这种甘油玻片可以保存若干年（Martin and Alexopoulos，1969）。子实体用超景深显微镜（VHX-6000）拍摄，显微照相和数据测量使用生物显微镜（LEICA，DM2000）。

表3.1　世界上几个较为有影响的

Lister，1925	Martin & Alexopoulos，1969	Nannenga-Bremekamp，1974	Olive，1975	Neubert et al.，1993
原生动物界 Protozoa	真菌界 Fungi	真菌界 Fungi	原生动物界 Protozoa	原生动物界 Protozoa
真菌虫门 Eumycetozoa	黏菌门 Myxomycota	黏菌门 Myxomycota	裸菌门 Gymnomycota	黏菌门 Myxomycota
黏菌纲 Myxomycetes	黏菌纲 Myxomycetes	黏菌纲 Myxomycetes	真菌虫纲 Eumycetozoa	黏菌纲 Myxomycetes
外孢子菌亚纲 Exosporeae	鹅绒菌亚纲 Ceratiomyxomycetidae	鹅绒菌亚纲 Ceratiomyxomycetidae	刺轴菌目 Echinosteliida	鹅绒菌亚纲 Ceratiomyxomycetidae
鹅绒菌科 Ceratiomyxaceae	鹅绒菌目 Ceratiomyxales	鹅绒菌目 Ceratiomyxales	刺轴菌亚目 Echinosteliidae	鹅绒菌目 Ceratiomyxales
内孢子菌亚纲 Endosporeae	鹅绒菌科 Ceratiomyxaceae	鹅绒菌科 Ceratiomyxaceae	团毛菌目 Trichiida	鹅绒菌科 Ceratiomyxaceae
亮孢菌目 Lamprosporales	腹黏菌亚纲 Myxogastromycetidae	腹黏菌亚纲 Myxogastromycetidae	散丝菌科 Dianemidae	腹黏菌亚纲 Myxogastromycetidae
异皮菌科 Heterodermaceae	刺轴菌目 Echinosteliales	刺轴菌目 Echinosteliales	团毛菌科 Trichiidae	刺轴菌目 Echinosteliales
无丝菌科 Liceaceae	刺轴菌科 Echinosteliaceae	碎皮菌科 Clastodermataceae	发网菌目 Stemonitida	碎皮菌科 Clastodermataceae
粉瘤菌科 Lycogalaceae	无丝菌目 Liceales	刺轴菌科 Echinosteliaceae	发网菌科 Stemonitidae	刺轴菌科 Echinosteliaceae
线膜菌科 Reticulariaceae	筛菌科 Cribrariaceae	无丝菌目 Liceales	绒泡菌目 Physarida	无丝菌目 Liceales
筒菌科 Tubulinaceae	无丝菌科 Liceaceae	筛菌科 Cribrariaceae	钙皮菌科 Didymiidae	筛菌科 Cribrariaceae
网丝菌亚目 Calonemineae	线膜菌科 Reticulariaceae	无丝菌科 Liceaceae	绒泡菌科 Physaridae	无丝菌科 Liceaceae
团网菌科 Arcyriaceae	团毛菌目 Trichiales	线膜菌科 Reticulariaceae	无丝菌目 Liceida	孔膜菌科 Enteridiaceae
串珠菌科 Margaritaceae	散丝菌科 Dianemaceae	团毛菌目 Trichiales	筛菌科 Cribrariidae	李斯特菌科 Listerillaceae
团毛菌科 Trichiaceae	团毛菌科 Trichiaceae	散丝菌科 Dianemaceae	线膜菌科 Reticulariidae	光丝菌科 Minakatellidae
黑毛菌目 Amaurosporales	绒泡菌目 Physarales	团毛菌科 Trichiaceae		团毛菌目 Trichiales
钙皮菌科 Didymiaceae	钙皮菌科 Didymiaceae	绒泡菌目 Physarales		团网菌科 Arcyriaceae
绒泡菌科 Physaraceae	绒泡菌科 Physaraceae	钙皮菌科 Didymiaceae		散丝菌科 Dianemaceae
黑毛菌科 Amaurochaetaceae	发网菌目 Stemonitales	绒泡菌科 Physaraceae		团毛菌科 Trichiaceae
胶皮菌科 Collodermaceae	发网菌科 Stemonitaceae	发网菌目 Stemonitales		绒泡菌目 Physarales
发网菌科 Stemonitaceae		发网菌科 Stemonitaceae		钙皮菌科 Didymiaceae
				蜡黏菌科 Elaeomyxaceae
				绒泡菌科 Physaraceae
				发网菌亚纲 Stemonitomycetidae
				发网菌目 Stemonitales
				柱索菌科 Schenellaceae
				发网菌科 Stemonitaceae

黏菌分类系统

李玉等，2008	Kirk et al.，2008	Cavalier-Smith，2013	Leontyev et al.，2019	Wijayawardene et al.，2020, 2022
原生动物界 Protozoa	原生动物界 Protozoa	原生动物界 Protozoa	变形虫界 Amoebozoa	变形虫界 Amoebozoa
黏菌门 Myxomycota	黏菌门 Myxomycota	变形虫界 Amoebozoa	真菌虫门 Eumycetozoa	真菌虫门 Eumycetozoa
黏菌纲 Myxomycetes	黏菌纲 Myxogastrea	黏菌纲 Myxomycetes	网柄菌纲 Dictyosteliomycetes	网柄菌纲 Dictyosteliomycetes
鹅绒菌亚纲 Ceratiomyxomycetidae	刺轴菌目 Echinosteliida	外孢子菌亚纲 Exosporea	鹅绒菌纲 Ceratiomyxomycetes	鹅绒菌纲 Ceratiomyxomycetes
鹅绒菌目 Ceratiomyxales	碎皮菌科 Clastodermataceae	鹅绒菌目 Ceratiomyxida	黏菌纲 Myxomycetes	黏菌纲 Myxomycetes
鹅绒菌科 Ceratiomyxaceae	刺轴菌科 Echinosteliaceae	鹅绒菌科 Ceratiomyxidae	亮孢子亚纲 Lucisporomycetidae	亮孢子亚纲 Lucisporomycetidae
腹黏菌亚纲 Myxogastromycetidae	无丝菌目 Liceida	腹黏菌亚纲 Myxogastria	筛菌超目 Cribrariidia	筛菌目 Cribrariales
刺轴菌目 Echinosteliales	筛菌科 Cribrariaceae	亮孢子超目 Lucisporidia	筛菌目 Cribrariales	筛菌科 Cribrariaceae
刺轴菌科 Echinosteliaceae	灯笼菌科 Dictydiaethaliaceae	无丝菌目 Liceida	筛菌科 Cribrariaceae	线膜菌目 Reticulariales
无丝菌目 Liceales	无丝菌科 Liceaceae	筛菌科 Cribraridae	团毛菌超目 Trichiidia	线膜菌科 Reticulariaceae
筛菌科 Cribrariaceae	李斯特菌科 Listerillaceae	碎皮菌科 Clastodermataceae	线膜菌目 Reticulariales	无丝菌目 Liceales
无丝菌科 Liceaceae	筒菌科 Tubiferaceae	无丝菌科 Liceidae	线膜菌科 Reticulariaceae	无丝菌科 Liceaceae
孔膜菌科 Enteridiaceae	绒泡菌目 Physarina	李斯特菌科 Listerillidae	无丝菌目 Liceales	团毛菌目 Trichiales
团毛菌目 Trichiales	钙皮菌科 Didymiaceae	筒菌科 Tubiferidae	无丝菌科 Liceaceae	散丝菌科 Dianemataceae
散丝菌科 Dianemaceae	蜡黏菌科 Elaeomyxaceae	团毛菌目 Trichiida	团毛菌目 Trichiales	团毛菌科 Trichiaceae
团毛菌科 Trichiaceae	绒泡菌科 Physaraceae	团网菌科 Arcyridae	散丝菌科 Dianemataceae	囊轴亚纲 Columellomycetidae
绒泡菌目 Physarales	发网菌目 Stemonitida	散丝菌科 Dianematidae	团毛菌科 Trichiaceae	拟刺轴菌目 Echinosteliopsidales
钙皮菌科 Didymiaceae	发网菌科 Stemonitidaceae	光丝菌科 Minakatellidae	囊轴亚纲 Columellomycetidae	拟刺轴菌科 Echinosteliopsidaceae
绒泡菌科 Physaraceae	团毛菌目 Trichiida	团毛菌科 Trichidae	刺轴菌超目 Echinosteliidia	刺轴菌目 Echinosteliales
发网菌亚纲 Stemonitomycetidae	团网菌科 Arcyriaceae	囊轴菌超目 Collumellidia	刺轴菌目 Echinosteliales	刺轴菌科 Echinosteliaceae
发网菌目 Stemonitales	散丝菌科 Dianemaceae	刺轴菌目 Echinosteliida	刺轴菌科 Echinosteliaceae	碎皮菌目 Clastodermatales
发网菌科 Stemonitaceae	团毛菌科 Trichiaceae	碎皮菌科 Clastodermatidae	发网菌超目 Stemonitidia	碎皮菌科 Clastodermataceae
		刺轴菌科 Echinosteliidae	碎皮菌目 Clastodermatales	裂皮菌目 Meridermatales
		暗孢子菌目 Fuscisporida	碎皮菌科 Clastodermataceae	裂皮菌科 Meridermataceae
		绒泡菌亚目 Physarina	裂皮菌目 Meridermatales	发网菌目 Stemonitidales
		钙皮菌科 Didymiidae	裂皮菌科 Meridermataceae	发网菌科 Stemonitidaceae
		绒泡菌科 Physaridae	发网菌目 Stemonitidales	黑毛菌科 Amaurochaetaceae
		亮皮菌亚目 Lamprodermina	发网菌科 Stemonitidaceae	绒泡菌目 Physarales
		亮皮菌科 Lamprodermidae	黑毛菌科 Amaurochaetaceae	亮皮菌科 Lamprodermataceae
		发网菌亚目 Stemonitina	绒泡菌目 Physarales	钙皮菌科 Didymiaceae
		发网菌科 Stemonitidae	亮皮菌科 Lamprodermataceae	绒泡菌科 Physaraceae
			钙皮菌科 Didymiaceae	
			绒泡菌科 Physaraceae	

（2）标本鉴定。根据观察和记录的形态学特征等各项数据进行鉴定时，参考的相关专著有《中国真菌志·黏菌卷I》和《中国真菌志·黏菌卷II》（李玉等，2008a、2008b）、*The Myxomycetes Biota of Japan*（1998）、*The Myxomycetes*（Martin and Alexopoulos，1969）、*Lés Myxomycètes*（Poulain et al.，2011）等；参考的数据库有 Index Fungorum（http://www.indexfungorum.org/）和 Mycobank（http://www.mycobank.org/），对所鉴定的分类群进行详细的形态描述，并鉴定到目、科、属、种。所用的拉丁学名均根据 Index Fungorum（http://www.indexfungorum.org/）和 An online nomenclatural information system of Eumycetozoa（https://eumycetozoa.com/）进行了校正。同时，参考了一些近年来发表的文献（Zhao et al.，2018a、2018b；Leontyev et al.，2019；Wijayawardene et al.，2020、2022）。本研究的凭证标本保存于吉林农业大学菌物标本馆（Herbarium of Mycology of Jilin Agricultural University，HMJAU）。

4 大小兴安岭的黏菌资源

4.1 大小兴安岭的地理环境条件

大兴安岭位于黑龙江省和内蒙古自治区东北部，北纬43°~53°30′，东经117°20′~126°，海拔1 100~1 400m。它的北部以黑龙江和俄罗斯为界，东部与松嫩平原毗邻，西部与呼伦贝尔草原相连，是内蒙古高原与松辽平原的分水岭，向南呈舌状延伸到阿尔山一带。这里是呼伦贝尔大草原和松嫩平原的天然屏障。大兴安岭主脉山系长约1 400km，宽200~450km，海拔800~1 700m，北段平均高度不足900m，中段在1 200~1 600m，南段1 500m以上，中段最高峰1 725m，南段最高峰2 000m。大兴安岭冬长夏短，尤其在漠河和洛古河地带，冬季长达7个月以上，夏季只有2个月左右，无霜期90~120d。大兴安岭原始森林茂密，主要树木有兴安落叶松、红皮云杉、白桦和樟子松等（周梅，2003）。

小兴安岭位于黑龙江省北部，北纬46°28′~49°21′，东经127°42′~130°14′。北部和东北部以黑龙江为界，与俄罗斯隔江相望，西北部与大兴安岭相连，西南部与广袤的嫩江平原相接，东部突入三江平原，东南部到松花江畔。小兴安岭山脉走向大致为西北至东南走向，山体海拔一般在500~800m，且东南高西北低，东南部的山脉海拔在500~1 000m。小兴安岭地处高纬度地区，气候寒冷，有岛状多年冻土分布。北部地区的有效积温显得不足，但南部地区的有效积温能满足植物对热量的需求。无霜期100~120d。综上所述，小兴安岭地区比较寒冷，植物生长期为4~5个月，这一时期内雨量和热量充足，水热条件较好，有利于植物的生长发育。同时，该区植物种类和群落类型相对比较丰富，植被以红松为建群种的针阔混交林为主（刘林馨，2012）。

综上可知，大小兴安岭植被丰富，四季更迭明显，海拔由低到高，其内的腐殖质、基物多样，为黏菌的生长提供了良好的微生境，同时为研究该地区黏菌的物种多样性奠定了基础。

🍄 4.2　大小兴安岭黏菌的研究

　　大兴安岭和小兴安岭行政隶属黑龙江省和内蒙古自治区。这两个省份的气候多变、植被多样、海拔由低到高，环境条件对于黏菌的发生和生长十分有利。关于大小兴安岭地区黏菌的调查还没有系统的报道。但关于黑龙江省和内蒙古自治区的黏菌早有报道。李玉、李慧中整理和统计了1989年以前报道过的中国黏菌的所有标本和记录，其中，记录了内蒙古地区的黏菌7种，黑龙江地区的黏菌33种（Li and Li，1989）。

　　20世纪90年代，李玉教授及其学生对内蒙古地区的黏菌进行了调查（Li et al.，1990；Li et al.，1993；Li and Li，1994；陈双林等，1994），这些研究陆续填补了该地区黏菌的空白。之后，由李玉所带领的团队对黑龙江省凉水国家自然保护区的黏菌进行了报道，共记录了7科15属35个种（王琦等，1994）。在对黑龙江和内蒙古地区黏菌调查补充记录的同时，该团队也发现了新的黏菌物种：王琦、李玉在黑龙江（1995）和内蒙古（1996）两个地方分别发现了1个新种异孢半网菌 *Hemitrichia heterospora* 和瘤丝团网菌 *Arcyria gongyloida*；之后，陈双林、李玉在内蒙古又发现了1个新种——木生绒泡菌 *Physarum xylophilum*（Chen and Li，1998）。2000年，高文臣等报道了3个黑龙江新记录种、1个内蒙古新记录种。2001年，图力古尔、李玉对内蒙古大青沟国家自然保护区的黏菌进行了调查，记录22种黏菌，其中有7个内蒙古新记录种。自此之后直到2008年《中国真菌志·黏菌卷》的出版，未见关于内蒙古和黑龙江地区黏菌的报道。

　　在李玉等（2008a、2008b）主编的《中国真菌志·黏菌卷》中，共收集、整理和记录黑龙江省25个属88个种的黏菌、内蒙古自治区20个属91个种的黏菌。在这之后，李玉院士团队又陆续对内蒙古和黑龙江地区的黏菌进行了调查研究。朱鹤等（2012）通过内蒙古地区的黏菌调查，新增了3个中国新记录种：榄色孔膜菌 *Enteridium olivaceum*、疏网发丝菌 *Stemonaria laxiretis* 和硬网发菌 *Comatricha rigidireta*。之后，朱鹤等（2013）又在内蒙古樟子松林采集了286份黏菌标本，同时湿室培养获得了15份标本，分类鉴定后共获得45种黏菌，其中有19个种为内蒙古新记录种。赵凤云等（2018）在黑龙江省发现新种1个、中国新记录3个、省级新记录种1个（Zhao et al.，2018a、2018b）。之后2019年，赵凤云等又对黑龙江省汤旺河兴安石林森林公园和胜山国家级自然保护区系统开展黏菌多样性调查研究。在2个地区共采集黏菌标本248份，基于形态学特征共鉴定出4目8科17属44种黏菌。其中，网孢高杯菌 *Craterium dictyosporum*、白绒泡菌 *P. album* 和 *Reticularia splendens* var. *jurana* 等10个种为黑龙江省首次报道。

　　截至目前，黑龙江和内蒙古报道的黏菌数量，分别为25个属103个种和26个属94个种。本研究从中统计出来自大小兴安岭地区的黏菌有28个属118个种。其中，属的数量约占中国已报道黏菌属的数量的1/2，种的数量约占中国已报道黏菌种的数量的1/4。这些种主要分布在内蒙古的根河、摩天岭、海拉尔和阿尔山以及黑龙江的凉水、兴安和药泉山等地区。这些数据表明，我国对大小兴安岭地区黏菌的物种调查研究已经取得了一定成果，在此基础上，还有进一步系统研究的空间和价值。

大小兴安岭的黏菌类群

吉林农业大学食药用菌教育部工程研究中心黏菌研究团队在科技部科技基础性工作专项项目（2014FY210400）的资助下，对大小兴安岭地区的13个国家级自然保护区及多个森林公园的黏菌进行了调查，通过对采集标本的鉴定、结合文献报道，对大小兴安岭地区黏菌进行了描述、核实、订正，记录整理了该地区黏菌32属152种，采集地从文献资料记载的11个扩展到了37个。本书主要描述了子实体彩图和显微特征图片较齐全的26属97种。每个物种的主要特征描述之后提供了基物、在大小兴安岭的分布地和标本号（只提供了本项目团队采集标本的凭证标本号）。分布地未标注引证文献的为本研究采集的但未发表物种的采集地，标注引证文献的为已发表物种的采集地。本书中每个物种都提供了基原异名，由于篇幅原因没有提供物种的其他异名。文献引用按照作者姓氏的首字母排序。物种按所属目拉丁学名首字母排序，同一目下科、属、种按拉丁学名首字母排序。本书综合现有的研究成果，采用如下分类系统：

变形虫界 Amoebozoa
　真菌虫门 Eumycetozoa
　　黏菌纲 Myxomycetes

碎皮菌目 Clastodermatales
　碎皮菌科 Clastodermataceae
筛菌目 Cribrariales
　筛菌科 Cribrariaceae
刺轴菌目 Echinosteliales
　刺轴菌科 Echinosteliaceae
无丝菌目 Liceales
　无丝菌科 Liceaceae
裂皮菌目 Meridermatales
　裂皮菌科 Meridermataceae

绒泡菌目 Physarales
　钙皮菌科 Didymiaceae
　亮皮菌科 Lamprodermataceae
　绒泡菌科 Physaraceae
线膜菌目 Reticulariales
　线膜菌科 Reticulariaceae
发网菌目 Stemonitidales
　黑毛菌科 Amaurochaetaceae
　发网菌科 Stemonitidaceae
团毛菌目 Trichiales
　散丝菌科 Dianemataceae
　团毛菌科 Trichiaceae

5.1 赭褐筛菌 *Cribraria argillacea* (C. H. Pers. ex J. F. Gmel.) C. H. Pers.

图5.1 赭褐筛菌 *Cribraria argillacea* 的形态学特征

a. 孢子果 b. 筛网 c. 孢子

≡ *Stemonitis argillacea* Pers. ex J.F. Gmel., Syst. nat., ed. 13, 2(2):1469 (1792)

≡ *Trichia argillacea* (Pers. ex J.F. Gmel.) Poir., in Lamarck, Encycl. 8:55 (1808)

≡ *Cribraria vulgaris* var. *argillacea* (Pers. ex J.F. Gmel.) Amo, Fl. crypt. Peníns. Ibérica 583 (1870)

孢子果密集群生或为假复囊体，有短柄或无柄，全高1.5～2.5mm；孢囊呈暗赭色，近球形，直径多为0.6mm，有的宽至1.4mm；柄短或极短，长的可达1mm左右，有纵褶，暗褐色或黑色；囊被上部易消失，下部留存杯体，具细肋线辐射状向上尖细，网杯界限不明显，网涧落后杯缘多内卷，网体无厚大节，连线不纤细，下部杯体不甚明显，多穿孔，完全呈网体；基质层明显；网体及杯体充满原质粒，长形、圆形或不规则形，直径1.0～1.5µm，多为1.0～1.2µm，小的色深，大的色浅[①]；孢子成堆时呈土黄色至土褐色，光学显微镜下色浅，近光滑，有的具细点，球形，直径6.0～7.5µm。

基物：腐木。

黑龙江小兴安岭：伊春市、凉水国家自然保护区（王琦等，1994；赵凤云等，2021）。

内蒙古大兴安岭：根河（陈双林等，1994；李玉等，2008a）、摩天岭（陈双林等，1994；李玉等，2008a）、伊尔斯（陈双林等，1994）。

标本号：HMJAU-M3395、HMJAU-M3987、HMJAU-M4271、HMJAU-M4286。

---

① "色浅"表示颜色相对比较淡，是相对孢子成堆时而言颜色较浅，是相对的概念。"浅色"在黏菌中表示颜色是"淡的色彩"，如"浅黄色"，在显微镜下不易观察。

筛菌目 Cribrariales

5.2 灯笼筛菌*Cribraria cancellata* (A. J. G. C. Batsch) N.E. Nann. -Bremek.

图5.2 灯笼筛菌*Cribraria cancellata* 的形态学特征

a. 孢子果　b. 筛网　c. 孢子

≡ *Mucor cancellatus* Batsch, Elench. fung. continuatio secunda 135 (1789)

≡ *Dictydium cancellatum* (Batsch)T. Macbr., N. Am. Slime-molds 172, 1899.

孢子果大片群生，有柄，常垂弯，全高2.0～4.5mm；孢囊呈红褐色，扁球形或球形或灯笼形，上下两面有时脐凹，直径0.3～0.5mm；囊被多数早期凋落，留存40多根的粗壮纵肋，有细横线相连而使网孔呈方形，纵肋有分叉，有的上部网孔为不规则形；柄锥针形，长多为2～4mm，其上有石灰质颗粒；孢子成堆时呈红紫色，光学显微镜下呈浅褐色，球形，直径6.0～6.5μm。

基物：腐木、落叶、枯木、树皮。

黑龙江小兴安岭：瑷珲国家森林公园、茅兰沟国家森林公园、四丰山、孙吴县、绥化森林公园、五大连池国家自然保护区、五营丰林生物圈自然保护区、爱辉区新生乡、凉水国家自然保护区（王琦等，1994；赵凤云等，2021）、汤旺河兴安石林森林公园（赵凤云等，2019）。

黑龙江大兴安岭：呼中国家自然保护区。

内蒙古大兴安岭：汗马国家自然保护区、红花尔基国家森林公园、根河（陈双林等，1994；李玉等，2008a）、摩天岭（陈双林等，1994）、海拉尔（朱鹤等，2013）。

标本号：HMJAU-M3019、HMJAU-M3206、HMJAU-M3215、HMJAU-M3399、HMJAU-M3418、HMJAU-M3455、HMJAU-M3497、HMJAU-M3558、HMJAU-M3570、HMJAU-M3614、HMJAU-M3743、HMJAU-M3803、HMJAU-M3870、HMJAU-M3935、HMJAU-M4115、HMJAU-M4149、HMJAU-M4187、HMJAU-M4252、HMJAU-M4322。

筛菌目 Cribrariales

5.3 锈红筛菌 *Cribraria ferruginea* C. Meyl.

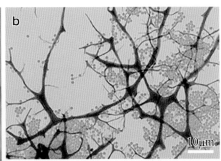

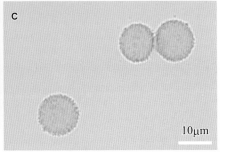

图5.3 锈红筛菌 *Cribraria ferruginea* 的形态学特征

a. 孢子果　b. 筛网　c. 孢子

孢子果群生或密集，有柄，直立，全高2.5～3.0mm；孢囊呈锈褐色，近球形，直径1.5mm；囊被网占孢囊的2/3，疏松；柄短，有纵槽，近孢囊直径的一半，暗红褐色；杯托缺；网孔不规则，节不规则，扁平；原质粒直径1.5～2.0μm；基质层扩展并连片，暗红褐色；孢子成堆时呈红褐色，光学显微镜下呈淡锈红色，球形，有小密疣，直径6.5～8.0μm。

基物：腐木、树皮。

黑龙江小兴安岭：汤旺河兴安石林森林公园（赵凤云等，2019）、凉水国家自然保护区（赵凤云等，2021）。

黑龙江大兴安岭：双河国家自然保护区。

标本号：HMJAU-M3424、HMJAU-M3559、HMJAU-M3576、HMJAU-M3578、HMJAU-M4255、HMJAU-M4256、HMJAU-M4277、HMJAU-M4291、HMJAU-M4311。

5.4 小筛菌 *Cribraria microcarpa* (H. A. Schrad.) C. H. Pers.

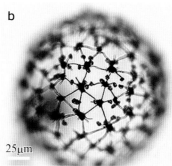
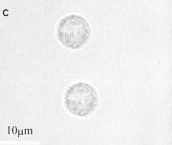

图5.4 小筛菌 *Cribraria microcarpa* 的形态学特征

a. 孢子果　b. 筛网　c. 孢子

≡ *Dictydium microcarpum* Schrad., Nov. gen. pl. 13 (1797)

≡ *Trichia microcarp*a (Schrad.) Poir., in Lamarck, Encycl. 8:54 (1808)

　　孢子果群生、散生，有长柄，全高3mm以上；孢囊呈黄褐色，球形，垂头或直立，直径0.1～0.3mm；柄极长，紫褐色，长2～4mm，细，有槽，向上渐细；杯托缺或留存一个小碟状囊基，网线由柄顶或小碟状囊基伸出，网孔四边形或三角形，网节厚，小，圆，直径5～30μm；网节内充满原质粒，直径1～2μm，网线直径1μm左右，透明，散头少；孢子成堆时呈土黄色、赭黄色，光学显微镜下色浅，球形，有小细刺，直径5～7μm。

　　基物：树皮。

　　黑龙江小兴安岭：凉水国家自然保护区（王琦等，1994；赵凤云等，2021）。

　　内蒙古大兴安岭：海拉尔（朱鹤等，2013）。

　　标本号：HMJAU-M4264、HMJAU-M4290。

筛菌目 Cribrariales

5.5 暗小筛菌*Cribraria oregana* H. C. Gilbert

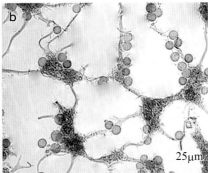
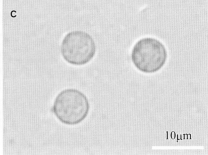

图5.5 暗小筛菌*Cribraria oregana*的形态学特征

a. 孢子果 b. 筛网 c. 孢子

≡ *Cribraria vulgaris* var. *oregana* (H.C. Gilbert) Nann.-Bremek. & Lado, Proc. Kon. Ned. Akad. Wetensch., C. 88(2):224 (1985)

孢子果散生、群生，有柄，全高1.0 ~ 1.5mm；孢囊呈暗橙褐色，球形，直立或垂头，直径多为0.3mm，有的稍大，具杯托，占囊体的1/3或2/5，有不明显的肋条，杯缘呈不规则齿状，具原质粒，暗色，直径1 ~ 2μm；网体的网孔大小不均匀，网节形状不一，多平而扩大，有的小，网线细，散头少，在较宽的连线中满含原质粒；基质层不明显；柄锥针状，基部呈黑褐色，向上褪为与孢囊同色，长0.7mm左右，有的稍长但不超过1mm。孢子成堆时呈橙褐色，光学显微镜下呈土黄色，有角，有的有小疣，多具细纹，有球形和长椭圆形两种，球形的直径5.00 ~ 8.75μm，长椭圆形的多为5.25μm×7.50μm。

基物：腐木。

黑龙江小兴安岭：凉水国家自然保护区（赵凤云等，2021）。

内蒙古大兴安岭：摩天岭（陈双林等，1994；李玉等，2008a）。

标本号：HMJAU-M4139。

5.6 网格筛菌Cribraria paucidictyon Y. Li

图5.6 网格筛菌Cribraria paucidictyon 的形态学特征
a. 孢子果 b. 筛网 c. 孢子

　　孢子果散生，有柄，直立，全高0.6 ～ 1.2mm；孢囊呈黄褐色至栗褐色，梨形或近球形，宽0.2 ～ 0.4mm；柄细，有槽，圆锥状，褐色，长0.5 ～ 1.0mm；网孔尺寸变化较大，网线扁平散头少；节扁平，扩展，多角形；杯托大，发达，占囊体的1/3；基质层不明显；孢子成堆时呈褐色，光学显微镜下呈淡黄色，球形，有密小刺，直径6.5 ～ 7.5μm。

　　基物：腐木。

　　黑龙江小兴安岭：凉水国家自然保护区（赵凤云等，2021）。

　　内蒙古大兴安岭：摩天岭（陈双林等，1994）。

　　标本号：HMJAU-M4151。

筛菌目 Cribrariales

5.7 皱杯筛菌 *Cribraria persoonii* N. E. Nann.-Bremek.

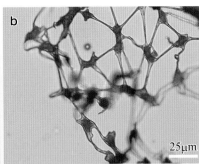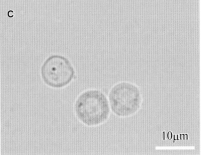

图5.7 皱杯筛菌 *Cribraria persoonii* 的形态学特征
a. 孢子果　b. 筛网　c. 孢子

孢子果群生，有柄，全高1.5～2.0mm；孢囊呈榛褐色，近球形，垂头，直径0.5～1.0mm；囊体下部1/3持久存留为杯状，其余为网状；杯体有细同心环纹，尤其上部，边缘整齐，有均匀密齿与网相连；原质粒直径约1μm，暗色，在基部辐射纹上及齿和节中存在；网孔小，网节小加厚，近星球形，有时伸长与邻节相连，每节辐射线4～6条，散头很少；柄锥针状，有褶，长为孢囊的2倍，下部暗褐色至黑色，顶部褐色，光学显微镜下呈半透明茶褐色；基质层暗褐色；孢子成堆时呈黄褐色至桂皮褐色，光学显微镜下呈黄褐色，直径7～8μm，密布小疣，疣色浅，干燥时有不规则的皱纹。

基物：腐木、树皮。

黑龙江小兴安岭：孙吴县、凉水国家自然保护区（赵凤云等，2021）。

内蒙古大兴安岭：汗马国家自然保护区。

标本号：HMJAU-M3618、HMJAU-M3620、HMJAU-M3625、HMJAU-M3955、HMJAU-M4118、HMJAU-M4124、HMJAU-M4125、HMJAU-M4128、HMJAU-M4148、HMJAU-M4186。

5.8 紫红筛菌*Cribraria purpurea* H. A. Schrad.

图5.8 紫红筛菌*Cribraria purpurea*的形态学特征

a. 孢子果　b. 筛网　c. 孢子

孢子果群生，有柄，直立或稍弯俯，全高1.5 ~ 2.5mm；孢囊呈紫红色，球形，直径0.5 ~ 1.0mm；杯托持久，高为杯体的1/2左右；肋不明显，边缘齿状，满布原质粒，网体不规整；节平而扩展，不加厚，形状不一，充满原质粒；网线色浅，散头短而多；原质粒呈紫色，直径2.5μm；柄与孢囊同色，有槽，长1.3mm；基质层明显，紫色；孢子成堆时呈紫红色，光学显微镜下呈淡紫色，球形，近光滑，有小细点，直径6 ~ 7μm。

基物：腐木。

黑龙江小兴安岭：凉水国家自然保护区、汤旺河兴安石林森林公园（赵凤云等，2019）。

黑龙江大兴安岭：呼中国家自然保护区。

标本号：HMJAU-M4046、HMJAU-M4284、HMJAU-M4344。

筛菌目Cribrariales

5.9　美筛菌 *Cribraria splendens* (H. A. Schrad.) C. H. Pers.

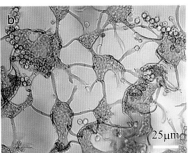

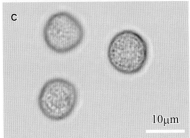

图5.9　美筛菌 *Cribraria splendens* 的形态学特征

a. 孢子果　b. 筛网　c. 孢子

≡ *Dictydium splendens* Schrad., Nov. gen. pl. 14 (1797)

≡ *Trichia splendens* (Schrad.) Poir., in Lamarck, Encycl. 8:55 (1808)

孢子果群生，有柄，直立或弯俯，全高1.5 ~ 2.0mm；孢囊呈赭褐色，球形，直径0.6mm左右，无杯托，或具膜质小碟状杯托，向上为8 ~ 19根肋条，多为15 ~ 16根，辐射状伸出，上连网体，网孔大，规则，节扁平或加厚，网线扁平，节内充满小型原质粒，直径不足1μm；柄锥针状，长1mm，有的更长，紫褐色；基质层小；孢子成堆时呈赭褐色，光学显微镜下色浅，近光滑，球形，直径5.0 ~ 7.5μm。

基物：腐木。

黑龙江小兴安岭：凉水国家自然保护区（王琦等，1994；赵凤云等，2021）。

黑龙江大兴安岭：呼中国家自然保护区、双河国家自然保护区。

标本号：HMJAU-M3414、HMJAU-M3456、HMJAU-M4136。

5.10 细筛菌 *Cribraria tenella* H. A. Schrad.

图5.10 细筛菌*Cribraria tenella*的形态学特征

a. 孢子果 b. 筛网 c. 孢子

≡ *Trichia semicancellata* var. *tenella* (Schrad.) Poir., in Lamarck, Encycl. 8:56 (1808)

孢子果群生，有柄，全高1.8～5.0mm；孢囊呈赭褐色，球形，垂头，直径0.3～0.5mm；杯托多数未见，有的存留浅盘状孢囊基；有明显的肋条，褐色，有纤薄的膜状片，网眼小而整齐，网节小而圆，各有4～5根连线，散头少；原质粒色深，极暗，直径1.4μm以上；柄较长，达1.5mm以上，暗褐色，纤维状；孢子成堆时呈赭色，光学显微镜下色浅，球形，几近光滑，直径5.0～7.5μm。

基物：死木、腐木。

黑龙江小兴安岭：凉水国家自然保护区（王琦等，1994；赵凤云等，2021）。

标本号：HMJAU-M3594、HMJAU-M3595、HMJAU-M3876、HMJAU-M3877。

5.11 裂瓣菌 *Barbeyella minutissima* C. Meyl.

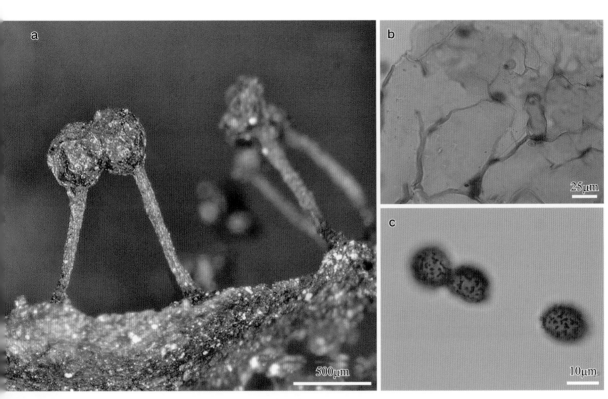

图 5.11 裂瓣菌 *Barbeyella minutissima* 的形态学特征

a. 孢子果　b. 囊被　c. 孢子

　　孢子果散生，有柄，全高0.5 ~ 0.8mm；孢囊呈暗褐色，亚球形，囊被顶端凹陷，直径0.3 ~ 0.5mm；柄圆柱形，全株呈暗褐色；囊被内层有纹路；基质层不明显；无囊轴，无孢丝和假孢丝；孢子成堆时呈黄褐色或暗褐色，椭圆形或亚球形，光学显微镜下可见稀疏的大疣，直径10 ~ 12μm。

　　基物：腐木。

　　内蒙古大兴安岭：汗马国家自然保护区。

　　标本号：HMJAU-M4018。

刺轴菌目 Echinosteliales

5.12　灰色双皮菌*Diderma cinereum* A. P. Morgan

图5.12　灰色双皮菌*Diderma cinereum*的形态学特征

a. 孢子果　b. 孢丝　c. 孢子

≡ *Chondrioderma cinereum* (Morgan) Torrend, Brotéria, Sér. Bot. 7:104 (1908)

　　孢子果群生，无柄；孢囊呈灰色，扁球形，直径0.4 ～ 0.5mm；囊被单层，开裂不规则，囊被较薄，上面密布石灰质小颗粒，球形，大小不等，构成壳状；囊轴白色，半球形；孢丝呈浅褐色，光滑细线，少有分枝；孢子球形，成堆时呈黑色，光学显微镜下呈浅褐色，具小疣，并有线条相连，直径8.0 ～ 9.5μm。

基物：枯枝、落叶。

黑龙江小兴安岭：四丰山。

内蒙古大兴安岭：摩天岭（陈双林等，1994；李玉等，2008b）。

标本号：HMJAU-M3021。

5.13 球形双皮菌*Diderma globosum* C. H. Pers.

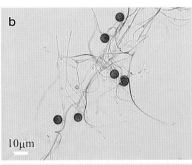

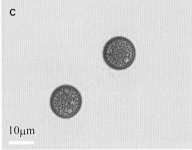

图5.13 球形双皮菌*Diderma globosum*的形态学特征

a. 孢子果 b. 孢丝 c. 孢子

≡ *Reticularia globosum* (Pers.) Poir., in Lamarck, Encycl. 6:182 (1804)

≡ *Didymium globosum* (Pers.) Chevall., Fl. gén. env. Paris 1:334 (1826)

≡ *Cionium globosum* (Pers.) Spreng., Syst. veg. 4(1):529 (1827)

≡ *Chondrioderma globosum* (Pers.) Rostaf., Sluzowce monogr. 180 (1874)

孢子果群生，较密集，但不堆叠，无柄；孢囊呈白色，球形，直径0.5～0.8mm；囊被双层，外层光滑，钙质，白色，形成皮壳，内层膜质，暗灰色，内外两层常分开；囊轴较大，近球形，白色；孢丝细，弯曲，分枝联结，浅褐色；基质层不发达，稀少，为乳白色，扩展；孢子成堆时呈黑色，光学显微镜下呈紫褐色，球形，直径11～13μm，有密集的疣。

基物：枯枝。

黑龙江小兴安岭：汤旺河兴安石林森林公园（赵凤云等，2019）。

标本号：HMJAU-M3958、HMJAU-M4332、HMJAU-M4335。

5.14 辐射双皮菌 *Diderma radiatum* (J. Rostaf.) A. P. Morgan

图5.14 辐射双皮菌*Diderma radiatum*的形态学特征
a. 孢子果 b. 孢丝 c. 孢子

≡ *Lycoperdon radiatum* L., Sp. pl., ed. 2, 2:1654 (1763)

≡ *Chondrioderma radiatum* (L.) Rostaf., Sluzowce monogr. 182 (1874)

≡ *Leangium radiatum* (L.) E. Sheld., Minnesota Bot. Stud. 1:479 (1895)

≡ *Diderma radiatum* (L.) Kuntze, Revis. gen. pl. 3(3):465 (1898)

≡ *Diderma radiatum* (L.) G. Lister, in Lister, Monogr. mycetozoa, ed. 2, 112 (1911)

孢子果散生，无柄；孢囊呈暗褐色，光滑，球形，有花斑及格凹，稍扁，直径1.0 ~ 1.5mm；囊被双层，外层光滑，软骨质，内层呈白色，膜质内外两层相联贴；囊轴钙质，近球形，乳白色，直径0.25 ~ 0.30mm；孢丝细，浅褐色，分枝较少；孢子成堆时呈黑色，光学显微镜下呈浅褐色，孢子有密疣，直径9 ~ 12μm。

基物：腐木、树皮。

黑龙江小兴安岭：凉水国家自然保护区。

黑龙江大兴安岭：呼中国家自然保护区。

内蒙古大兴安岭：汗马国家自然保护区、红花尔基国家自然保护区、根河（陈双林等，1994；李玉等，2008b）、摩天岭（陈双林等，1994；李玉等，2008b）。

标本号：HMJAU-M3564、HMJAU-M3650、HMJAU-M3725、HMJAU-M3732、HMJAU-M4054。

绒泡菌目Physarales

5.15 暗孢钙皮菌*Didymium melanospermum* (C. H. Pers.) T. H. Macbr.

图5.15 暗孢钙皮菌*Didymium melanospermum*的形态学特征

a. 孢子果 b. 孢丝 c.孢子

≡ *Physarum melanospermum* Pers., Neues Mag. Bot. 1:88 (1794)

孢子果群生，有柄，全高可达1.2mm；孢囊呈灰白色，近球形，下面脐凹较深，直径0.5～0.7mm；柄较短，近黑色，常埋在脐凹内，长可达0.5mm；囊被较硬，其上有白色石灰质结晶，呈星芒状；囊轴色暗，为半球形；孢丝呈浅色，较多，较细，少有分枝；孢子成堆时呈黑色，光学显微镜下呈紫褐色，有密疣或刺，直径10～15μm。

基物：落叶、枯枝、腐木、苔藓、树皮。

黑龙江小兴安岭：上甘岭溪水国家森林公园、凉水国家自然保护区（王琦等，1994；赵凤云等，2021）。

黑龙江大兴安岭：北山公园、呼中国家自然保护区、双河国家自然保护区。

内蒙古大兴安岭：汗马国家自然保护区、根河（陈双林等，1994；李玉等，2008b）、摩天岭（陈双林等，1994；李玉等，2008b）、兴安林场（陈双林等，1994）、海拉尔（朱鹤等，2013）。

标本号：HMJAU-M3435、HMJAU-M3438、HMJAU-M3440、HMJAU-M3461、HMJAU-M3465、HMJAU-M3540、HMJAU-M3557、HMJAU-M3621、HMJAU-M3817、HMJAU-M3833、HMJAU-M3846、HMJAU-M4083。

绒泡菌目Physarales

5.16 小钙皮菌*Didymium minus* (G. Lister) A. P. Morgan

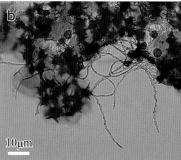

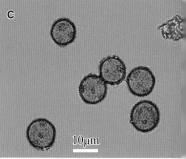

图 5.16 小钙皮菌*Didymium minus* 的形态学特征

a. 孢子果　b. 孢丝　c. 孢子

≡ *Didymium farinaceum* var. *minus* Lister, Monogr. mycetozoa, ed. 1, 97 (1894)

≡ *Didymium melanospermu* var. *minus* (Lister) G. Lister, in Lister, Monogr. mycetozoa, ed. 2, 129 (1911)

≡ *Didymium melanospermum* var. *minus* (Lister) Dearn. & House, New York State Mus. Bull. 266:58 (1925)

孢子果群生，有柄，全高0.50 ~ 0.73mm；孢囊呈灰白色，球形，下面略脐凹，直径0.5 ~ 0.6mm；柄直立，黑色，有纵纹，长0.25mm，不透明；囊被膜质，很薄，上有石灰质结晶，为星芒状；囊轴呈黑褐色，球形，粗糙，坚硬，上有许多孢丝；基质层呈暗色，小圆盘状；孢丝细，弯曲，浅褐色；孢子成堆时呈黑色，光学显微镜下呈浅褐色，具有密疣或刺，直径8 ~ 10μm。

基物：枯木。

黑龙江小兴安岭：汤旺河兴安石林森林公园（赵凤云等，2019）。

内蒙古大兴安岭：摩天岭（陈双林等，1994；李玉等，2008b）、海拉尔（朱鹤等，2013）。

标本号：HMJAU-M3957。

绒泡菌目Physarales

5.17　黑柄钙皮菌*Didymium nigripes* (J. H. F. Link) E. M. Fr.

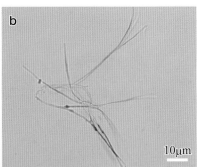

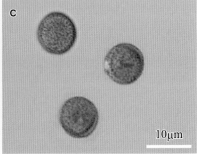

图5.17　黑柄钙皮菌*Didymium nigripes* 的形态学特征

a. 孢子果　b. 孢丝　c.孢子

≡ *Physarum nigripes* Link, Ges. Naturf. Freunde Berlin Mag. Neuesten Entdeck. Gesammten Naturk. 3(1):27 (1809)

　　孢子果群生，有柄，全高可达2mm；孢囊呈白色，球形，直径0.5 ～ 0.7mm；柄直立，下粗上细，基部呈黑色，上部呈红褐色，有的略有槽；囊被膜质，褐色，其上具有白色石灰质结晶，呈星芒状；囊轴球形或近球形，暗褐色；孢丝呈浅褐色或无色，分枝联结；孢子成堆时呈暗黑色，光学显微镜下呈浅褐色，有小疣，直径7.5 ～ 9.0μm。

　　基物：腐木、枯枝、树皮。

　　黑龙江小兴安岭：瑷珲国家森林公园、凉水国家自然保护区（赵凤云等，2021）。

　　黑龙江大兴安岭：北山公园、呼中国家自然保护区、漠河市。

　　内蒙古大兴安岭：摩天岭（陈双林等，1994；李玉等，2008b）、兴安林场（陈双林等，1994）。

　　标本号：HMJAU-M3437、HMJAU-M3463、HMJAU-M4026、HMJAU-M4168、HMJAU-M4292。

绒泡菌目Physarales

5.18 鳞钙皮菌*Didymium squamulosum* (I. B. Alb. & L. D. Schwein.) E. M. Fr.

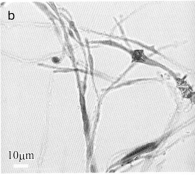
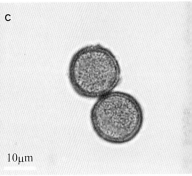

图5.18 鳞钙皮菌*Didymium squamulosum*的形态学特征

a. 孢子果　b. 孢丝　c. 孢子

≡ *Diderma squamulosum* Alb. & Schwein., Consp. fung. lusat. 88 (1805)

≡ *Cionium squamulosum* (Alb. & Schwein.) Spreng., Syst. veg. 4(1):528 (1827)

孢子果群生，有柄，全高1.0～1.2mm；孢囊呈灰白色，球形，直径0.5～0.7mm，柄长为0.5～0.6mm，白色；囊被膜质，透明，具有石灰质结晶层，壳状；基质层存在，为小圆盘状，白色；孢丝较多，弯曲，无色，有分枝；孢子成堆时呈黑色，光学显微镜下呈紫色，有小疣或刺，直径7.5～10.0μm。

基物：落叶、树皮、枯枝、活体草本植物。

黑龙江小兴安岭：四丰山、绥化森林公园、胜山国家自然保护区（赵凤云等，2019）、汤旺河兴安石林森林公园（赵凤云等，2019）、凉水国家自然保护区（赵凤云等，2021）。

黑龙江大兴安岭：呼中国家自然保护区、双河国家自然保护区。

内蒙古大兴安岭：汗马国家自然保护区。

标本号：HMJAU-M3015、HMJAU-M3297、HMJAU-M3542、HMJAU-M3642、HMJAU-M3813、HMJAU-M3959、HMJAU-M3961、HMJAU-M4004、HMJAU-M4011、HMJAU-M4015、HMJAU-M4038、HMJAU-M4082、HMJAU-M4206。

绒泡菌目Physarales

5.19 李氏钙皮菌 *Didymium yulii* S. -Y. Liu & F. -Y. Zhao

图5.19 李氏钙皮菌*Didymium yulii*的形态学特征

a. 复囊体 b. 假孢丝 c. 孢子

　　子实体为复囊体，长1.0 ～ 2.5cm，宽0.5 ～ 2.0cm，厚0.5 ～ 1.0cm，白色或奶白色；皮层厚，粗糙，海绵状，由星芒状结晶组成；基质层不明显，如果有，则为白色半透明状；无孢丝，假孢丝是坚固的膜质，半透明，经常断裂成直立的片状结构，其上有网脉，表面覆有很多的石灰质，也存在薄的易碎的膜质，假孢丝边缘扩展，浅褐色，向末端渐细色浅，少有形成网体；孢子成堆时呈黑色或暗褐色，直径10.0 ～ 12.5μm，卵圆形，光学显微镜下呈棕色或深棕色，表面有密集的疣，扫描电子显微镜下呈伞状的疣。

基物：树皮、枯木。

内蒙古大兴安岭：额尔古纳国家自然保护区（Zhao et al.，2021）。

标本号：HMJAU-M3001、HMJAU-3002。

绒泡菌目Physarales

5.20　复囊钙皮菌Mucilago crustacea P. Micheli ex F. H. Wigg.

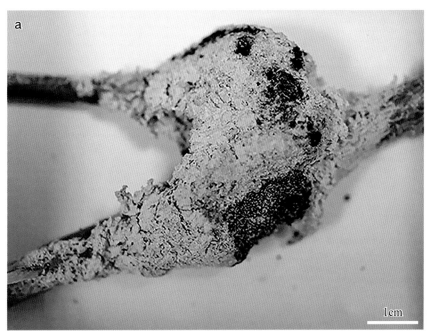
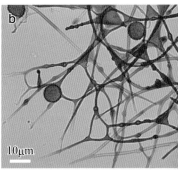
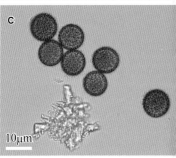

图5.20　复囊钙皮菌Mucilago crustacea 形态学特征
a. 复囊体　b. 孢丝　c. 孢子

　　子实体为复囊体，白色或乳白色至浅赭色，长1～7cm，宽1～5cm，厚1～2cm；皮层为海绵状或粉粒状，由石灰质结晶构成，结晶或大或小，但在同一子实体中大致相同；孢丝茂密，暗色，分枝联结成密网体，常有暗色沉积物或膨大体，有时孢丝稀少而色浅；假孢丝为管状，薄，无色，常有晕光；基质层很发达，角质、膜质或海绵状，无色或白色，带含有密集的石灰质结晶团；孢子成堆时呈黑色，光学显微镜下呈黑褐色或紫褐色，有密疣或刺，很少有网纹，直径9～15μm。

　　基物：树枝。

　　黑龙江小兴安岭：爱辉区。

　　内蒙古大兴安岭：五叉沟（陈双林等，1994）。

　　标本号：HMJAU-M3006。

绒泡菌目Physarales

5.21 弧线颈环菌*Collaria arcyrionema* (J. Rostaf.) N. E. Nann. -Bremek. ex C. Lado

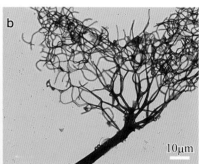
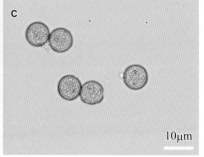

图5.21 弧线颈环菌*Collaria arcyrionema*的形态学特征

a. 孢子果　b. 孢丝　c. 孢子

≡ *Lamproderma arcyrionema* Rostaf., Sluzowce monogr. 208 (1874)

孢子果群生，有柄，直立，全高约1.5mm；孢囊有彩色光泽，近球形，直径0.5 ~ 0.6mm；柄黑色，有光泽，向上渐细，锥形，达全高1/2以上；囊被膜质，成熟时成片状剥落，基部留存有颈环；囊轴细，高达孢囊的1/3，囊顶分枝成孢丝；孢丝呈灰褐色，分枝多，弯曲，交织成网；孢子成堆时呈黑色，光学显微镜下呈灰色至灰褐色，球形，有疣，直径7.5 ~ 9.0μm。

基物：腐木。

黑龙江小兴安岭：茅兰沟国家森林公园、伊春市、凉水国家自然保护区（王琦等，1994）。

标本号：HMJAU-M3916、HMJAU-M3919、HMJAU-M3920、HMJAU-M3922、HMJAU-M3931、HMJAU-M3992、HMJAU-M4110、HMJAU-M4141、HMJAU-M4153。

绒泡菌目Physarales

5.22　亮皮菌Lamproderma columbinum (C. H. Pers.) J. Rostaf.

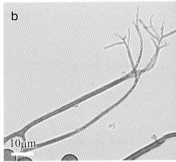

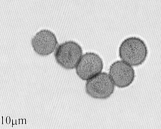

图5.22　亮皮菌Lamproderma columbinum 的形态学特征

a. 孢子果　b. 孢丝　c. 孢子

≡ *Physarum columbinum* Pers., Ann. Bot. (Usteri) 15:5 (1795)

≡ *Trichia columbina* (Pers.) Poir., in Lamarck, Encycl. 8:52 (1808)

孢子果散生，有柄，全高2.5mm左右；孢囊呈蓝紫色，有金属光泽，球形至椭圆形，直径0.4～0.5mm；柄长达全高的2/3，直，锥针状，黑色；囊被膜质，持久，基质层薄膜质；囊轴为圆柱形，高达孢囊的1/3～1/2；孢丝呈褐色，硬直，分枝联结少；孢子成堆时呈黑色，光学显微镜下呈暗褐色，有疣，直径11～13μm。

基物：腐木、树皮、苔藓。

黑龙江小兴安岭：五营丰林生物圈自然保护区、凉水国家自然保护区（赵凤云等，2021）。

内蒙古大兴安岭：红花尔基国家自然保护区、摩天岭（陈双林等，1994；李玉等，2008b）。

标本号：HMJAU-M3109、HMJAU-M3707、HMJAU-M3857、HMJAU-M4112。

绒泡菌目Physarales

绒泡菌目Physarales

5.23　灰堆钙丝菌*Badhamia cinerascens* G. W. Martin

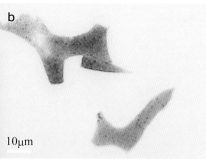

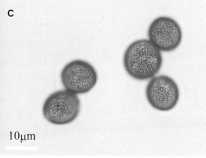

图5.23　灰堆钙丝菌*Badhamia cinerascens*的形态学特征

a. 孢子果　b. 孢丝石灰结　c. 孢子

孢子果群生或簇生，无柄；孢囊为亚球形至长棒状，也有微曲联囊体，直径
0.5～0.8mm；基质层不发达；囊被薄，膜质，覆有石灰质颗粒，白色；孢丝易与囊被
断开，针锥状；孢子成堆时呈黑色，光学显微镜下呈暗紫褐色，球形，密生小疣，直
径13～14μm。

基物：腐木、树皮。

黑龙江小兴安岭：大亮子河国家森林公园、凉水国家自然保护区、茅兰沟国家森
林公园。

标本号：HMJAU-M3028、HMJAU-M3165、HMJAU-M3200、HMJAU-M3205。

5.24 大囊钙丝菌*Badhamia macrocarpa* (V. Ces.) J. Rostaf.

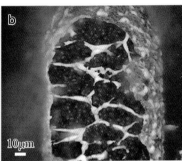
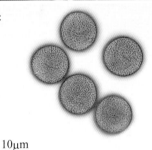

图5.24 大囊钙丝菌*Badhamia macrocarpa*的形态学特征

a. 孢子果 b. 石灰结 c. 孢子

≡ *Physarum macrocarpon* Ces., Fung. Eur. exs. No. 1968 (1855)

孢子果群生，无柄或有柄；孢囊为亚球形至扁球形，也有中间凹陷或微曲联囊体，直径0.5～0.8mm；基质层不发达，稍有光泽；囊被薄，膜质，有细皱，覆有石灰质颗粒，白色，半透明，囊基带呈黄褐色；孢丝交织成网，一端与囊被相连，充满石灰质颗粒，有扩大的结片；孢子成堆时呈黑色，光学显微镜下呈暗紫褐色，球形，密生小疣，直径13～14μm。

基物：树皮、腐木。

黑龙江小兴安岭：兴安森林公园、凉水国家自然保护区（赵凤云等，2021）。

黑龙江大兴安岭：呼中国家自然保护区、漠河市。

内蒙古大兴安岭：赛罕乌拉国家自然保护区、海拉尔（朱鹤等，2013）。

标本号：HMJAU-M3029、HMJAU-M3058、HMJAU-M3601、HMJAU-M3630、HMJAU-M4060、HMJAU-M4278。

绒泡菌目Physarales

 5.25 彩囊钙丝菌 *Badhamia utricularis* (J. B. F. Bull.) M. J. Berk.

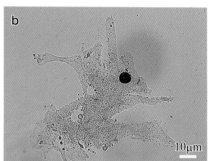

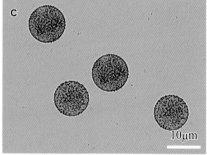

图5.25 彩囊钙丝菌 *Badhamia utricularis* 的形态学特征

a. 孢子果　b. 石灰结　c. 孢子

≡ *Sphaerocarpus utricularis* Bull., Hist. champ. France 128 (1791)

≡ *Trichia utricularis* (Bull.) DC., in Lamarck & De Candolle, Fl. franç., ed. 3, 2:251 (1805)

≡ *Physarum utriculare* (Bull.) Chevall., Fl. gén. env. Paris 1:337 (1826)

孢子果丛生，常成大群落，有细柄或无柄；孢囊呈灰白色，也有呈天蓝色，短小联囊体或球形，直径0.5～0.8mm；囊被膜质，无色透明或白色，有颗粒物质；柄细弱，为匍匐状，分叉或有融联，淡褐色；基质层不发达，带黄褐色；孢丝呈白色，扁平，充满石灰质颗粒，均匀稀疏，结成网状；孢子常10～20个结成疏松的团，易分散，成堆时呈暗紫褐色至黑色，光学显微镜下呈暗紫褐色，近球形，有明显小刺，直径11～12μm。

基物：树皮。

黑龙江小兴安岭：凉水国家自然保护区（赵凤云等，2021）。

内蒙古大兴安岭：海拉尔（朱鹤等，2013）。

标本号：HMJAU-M3840。

绒泡菌目Physarales

5.26 网孢高杯菌Craterium dictyosporum (J. Rostaf.) H. Neubert, W. Nowotny & K. Baumann

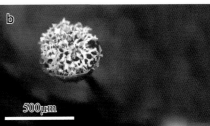
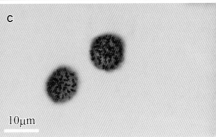

图5.26 网孢高杯菌Craterium dictyosporum 的形态特征

a. 孢子果　b. 管状孢丝　c. 孢子

≡ *Badhamia dictyospora* Rostaf., Sluzowce monogr. suppl. 4 (1876)

≡ *Badhamia rubiginosa* var. *dictyospora* (Rostaf.) Lister, Monogr. mycetozoa, ed. 1, 35 (1894)

≡ *Badhamia obovata* var. *dictyospora* (Rostaf.) Lister ex Nann.-Bremek., Nederlandse Myxomyceten (Zutphen) 273 (1975)

≡ *Craterium obovatum* var. *dictyosporum* (Rostaf.) Lister ex Nann.-Bremek., Guide Temperate Myxomycetes 179 (1991)

孢子果簇生或散生，有柄，全高1.2～1.8mm；孢囊，上部呈浅灰色，有白色的石灰质颗粒，下部呈暗褐色，没有边缘，亚球形或卵圆形，不规则开裂，囊盖不规则开裂后，有时存在明显的杯体，直径0.3～0.5mm；有柄，高约为子实体的2/3，近孢囊的部分呈暗褐色，向下，颜色变浅呈黄色；基质层为膜质并呈黄色，从柄的基部伸出；有囊轴，为柄的延伸，直达囊轴的中心，暗褐色；孢丝为白色钙质管状，从囊轴伸出，与囊被相连，类似钙丝菌；孢子成堆时呈黑色，带有不完整的网纹，有短脊融合而成，直径13～14.5(～15.5)μm。

基物：枯枝、枯木、落叶、树皮。

黑龙江小兴安岭：汤旺河兴安石林森林公园（Zhao et al.，2018a）、胜山国家自然保护区（赵凤云等，2019）、凉水国家自然保护区（赵凤云等，2021）。

标本号：HMJAU-M3269、HMJAU-M3485、HMJAU-M3487、HMJAU-M4287、HMJAU 1015。

绒泡菌目Physarales

 5.27　白头高杯菌*Craterium leucocephalum* (C. H. Pers.) L. P. F. Ditmar

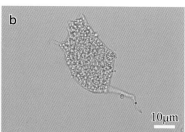

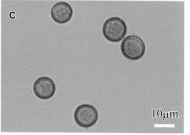

图5.27　白头高杯菌*Craterium leucocephalum* 的形态学特征

a. 孢子果　b. 孢丝石灰结　c. 孢子

≡ *Stemonitis leucocephala* Pers. ex J.F. Gmel., Syst. nat., ed. 13, 2(2):1467 (1792)

≡ *Arcyria leucocephala* (Pers. ex J.F. Gmel.) Hoffm., Deutschl. Fl. 2:pl. 6, fig. 1 (1795)

≡ *Cupularia leucocephala* (Pers. ex J.F. Gmel.) Link, Handbuch 3:421 (1833)

孢子果群生，直立有柄，全高0.6～1.6mm；孢囊为高杯形或陀螺形，上部呈灰白色，基部呈黄褐色，直径0.4～0.6mm；柄呈红褐色，有纵肋，为全高的1/4；基质层为小圆盘状；囊被双层，内层膜质，外层粗糙，密布石灰质颗粒，上部呈灰白色，下部呈黄褐色，近软骨质；囊顶稍凸起，不规则盖裂，留存深高杯体；石灰呈结白色，大块，不规则形，中部聚成假囊轴，大，白色；孢丝连线呈无色，分叉处稍扩展；孢子成堆时呈黑色，光学显微镜下呈紫褐色，球形，有小疣，直径8～10μm。

基物：落叶、活体草本植物、木耳、枯枝。

黑龙江小兴安岭：瑗珲国家森林公园、四丰山、孙吴县、胜山国家自然保护区（赵凤云等，2019）、药泉山（李玉等，2008b）。

黑龙江大兴安岭：呼中国家自然保护区、漠河市。

内蒙古大兴安岭：赛罕乌拉国家自然保护区、摩天岭（陈双林等，1994；李玉等，2008b）、伊尔斯（陈双林等，1994；李玉等，2008b）、海拉尔（朱鹤等，2013）。

标本号：HMJAU-M3014、HMJAU-M3300、HMJAU-M3510、HMJAU-M3602、HMJAU-M4001、HMJAU-M4055、HMJAU-M4161、HMJAU-M4203。

5.28 高杯菌*Craterium minutum* (J. D. Leers) E. M. Fr.

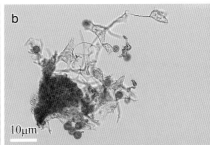
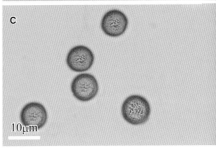

图5.28 高杯菌*Craterium minutum*的形态学特征

a. 孢子果 b. 孢丝石灰结 c. 孢子

≡ *Peziza minuta* Leers, Fl. herborn., ed. 1, 277 (1775)

≡ *Nidularia minuta* (Leers) With., Arr. Brit. pl., ed. 3, 4:358 (1796)

≡ *Cyathus minutus* (Leers) Hoffm., Veg. crypt. 2:6, tab. 2, fig, 2. (1790)

≡ *Trichia minuta* (Leers) Relhan, Fl. cantabr. suppl. 3 37 (1793)

孢子果群生，有柄，全高0.5～1.5mm；孢囊呈赭褐色，高杯状，直径0.5～0.8mm；柄呈常色稍浅，有槽，约为全高的一半；基质层为小圆盘状；囊被厚，双层，外层软骨质，很少有石灰质颗粒，内层石灰质，白色，或膜质半透明，沿明显的开裂盖开裂，开裂盖与囊被明显分离，边上起棱而下陷；孢丝为细管线连接成大型白色石灰结，形成假囊轴；孢子成堆时呈黑色，光学显微镜下呈紫褐色，有小疣，直径9.5～10.0μm。

基物：落叶、树枝、树皮、倒木、枯草。

黑龙江小兴安岭：大亮子河国家森林公园、五营丰林生物圈自然保护区、上甘岭溪水国家森林公园、四丰山、孙吴县、汤旺河兴安石林森林公园（赵凤云等，2019）。

黑龙江大兴安岭：漠河市。

内蒙古大兴安岭：伊尔斯（陈双林等，1994）、海拉尔（朱鹤等，2013）。

标本号：HMJAU-M3012、HMJAU-M3016、HMJAU-M3031、HMJAU-M3107、HMJAU-M3818、HMJAU-M3820、HMJAU-M3839、HMJAU-M3998、HMJAU-M4183、HMJAU-M4305、HMJAU-M4347。

絨泡菌目Physarales

5.29 高杯菌褐色变种 *Craterium minutum* var. *brunneum* (N. E. Nann.-Bremek.) L. G. Krieglst.

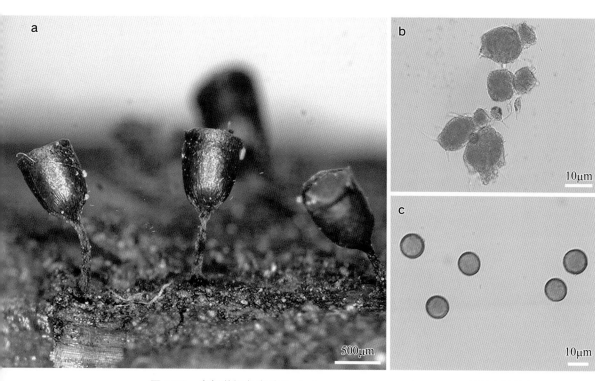

图 5.29 高杯菌褐色变种 *Craterium minutum* var. *brunneum* 的形态学特征

a. 孢子果　b. 孢丝石灰结　c. 孢子

孢子果群生，有柄，全高 1.0 ~ 1.5mm；孢囊呈褐色，高杯状，直径 0.8 ~ 1.0mm；柄与孢囊近同色，有槽，为全高的 1/2 ~ 2/3；基质层为小圆盘状；囊被厚，双层，外层软骨质，近光滑，内层石灰质，白色，或膜质半透明，沿明显的开裂盖开裂，开裂盖与囊被明显分离，边上起棱而下陷；孢丝为细管线连接成大型白色石灰结，形成假囊轴；孢子成堆时呈黑色，光学显微镜下呈紫褐色，有小疣，直径 8 ~ 10μm。

基物：树皮。

黑龙江大兴安岭：漠河市。

标本号：HMJAU-M4013。

5.30 伊春高杯菌*Craterium yichunensis* S.- Y. Liu, F.- Y. Zhao & Y. Li

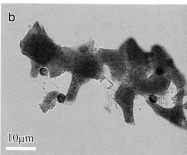

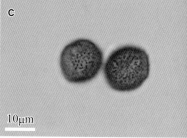

图5.30 伊春高杯菌*Craterium yichunensis*的形态学特征

a. 孢子果 b. 孢丝石灰结 c. 孢子

孢子果密集群生，相互挤压或偶有散生，直立无柄；孢囊为近圆柱形，顶部呈灰白色，侧面呈白色，宽0.5～0.8mm，高0.4～0.75mm；囊盖非常厚，双层：外层囊顶稍凸起，中部超过100μm厚，盘状，边缘有一圈突出的黄色环，外层粗糙，密布乳白色石灰质颗粒，不规则开裂，杯盖脱落后覆盖一层黄色膜，半透明；杯体呈褐色，也带有白色的石灰质颗粒；基质层明显，白色，有褶皱；无囊轴；石灰结呈白色，大块，多角形或不规则形，大小（10～25）μm×（30～80）μm，里面充满球形的石灰质颗粒，孢丝连线呈无色，少，分叉处稍扩展；孢子成堆时呈暗黑色，光学显微镜下呈紫褐色，球形，表面有较密集的小疣，直径10～13μm。

基物：树皮、树枝。

黑龙江小兴安岭：伊春市（Zhao et al.，2018a）。

标本号：HMJAU1012、HMJAU1013。

5.31 平滑煤绒菌 *Fuligo laevis* C. H. Pers.

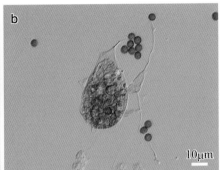

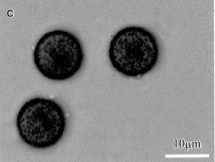

图 5.31 平滑煤绒菌 *Fuligo laevis* 的形态学特征

a. 复囊体　b. 孢丝石灰结　c. 孢子

≡ *Fuligo septica* var. *laevis* (Pers.) R.E. Fr., Svensk Bot. Tidskr. 6:744 (1912)

子实体为复囊体，形状不规则或垫状，宽 1.5 ~ 2.5cm，厚约 1cm；皮层呈浅黄色或黄色，外层接近光滑，常从顶部开裂，剩余部分留存持久；基质层从皮层延伸后边缘为膜质，浅黄色；内部的皮层带有白色或浅色的钙质；孢丝联结假孢丝，较稀少，其上有梭形的石灰结，浅黄色；孢子成堆时呈黑褐色，直径 7.8 ~ 8.5μm，表面带有密集的疣。

基物：腐木、树皮。

黑龙江小兴安岭：五营丰林生物圈自然保护区、凉水国家自然保护区（Zhao et al., 2018b）。

标本号：HMJAU1017、HMJAU-M3092。

绒泡菌目 Physarales

5.32 光皮煤绒菌*Fuligo leviderma* H. Neubert, W. Nowotny & K. Baumann

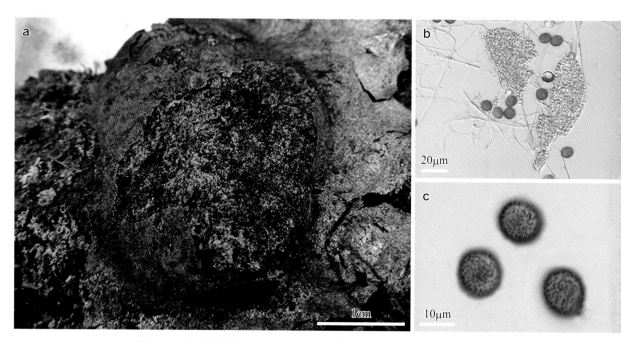

图5.32 光皮煤绒菌*Fuligo leviderma*的形态学特征
a. 复囊体 b. 孢丝石灰结 c. 孢子

子实体为复囊体，宽2.5～5.0cm，厚1.5～2.5cm，红褐色，很少呈黄褐色；皮层光滑，较脆易开裂，厚50～100μm；假孢丝较硬，从顶的基部分枝，有白色的石灰质；孢丝透明，直径1μm左右，石灰结呈黄色或浅黄色，梭形，最长可达100μm；孢子成堆时呈黑褐色至黑色，有小疣点，直径7.0～8.5μm。

基物：树皮。

黑龙江小兴安岭：爱辉区（Zhao et al.，2018）。

标本号：HMJAU1018、HMJAU-M3221、HMJAU-M3222、HMJAU-M3223、HMJAU-M3224、HMJAU-M3227。

绒泡菌目Physarales

🌱 5.33　煤绒菌 *Fuligo septica* (L.) F. H. Wigg.

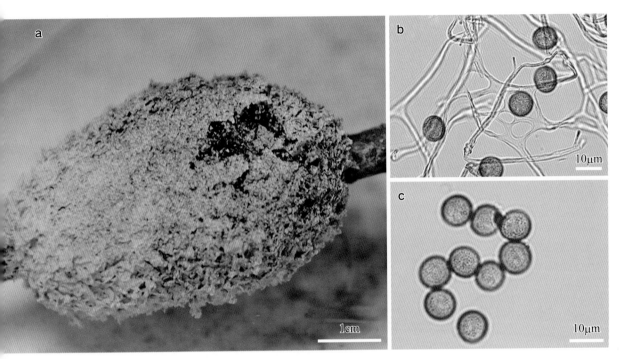

图 5.33　煤绒菌 *Fuligo septica* 的形态学特征

a. 复囊体　b. 孢丝石灰结　c. 孢子

≡ *Mucor septicus* L., Sp. pl., ed. 2, 2:1656 (1763)

≡ *Reticularia septica* (L.) With., Bot. arr. Brit. pl., ed. 2, 3:470 (1792)

≡ *Fuligo septica* (L.) J.F. Gmel., Syst. nat., ed. 13 (Leipzig), 2(2):1466 (1792)

　　子实体为复囊体垫状，很少近似联囊体，宽 1.5 ~ 5.0cm，厚 1 ~ 2cm，白色；皮层有石灰质，较厚而脆，易分离；孢丝石灰结呈白色，梭形，连接线呈无色，密集；孢子成堆时呈暗黑色，光学显微镜下呈紫褐色，圆球形，有细刺，直径 7.5 ~ 10.0μm。

　　基物：腐木、枯木、落叶、树皮、苔藓。

　　黑龙江小兴安岭：瑷珲国家森林公园、上甘岭溪水国家森林公园、绥化森林公园、五营丰林生物圈自然保护区、凉水国家自然保护区（王琦等，1994）、胜山国家自然保护区（赵凤云等，2019）。

　　黑龙江大兴安岭：双河国家自然保护区。

　　内蒙古大兴安岭：海拉尔（朱鹤等，2013）。

　　标本号：HMJAU-M3150。

5.34 光果菌*Leocarpus fragilis* (J. Dicks.) J. Rostaf.

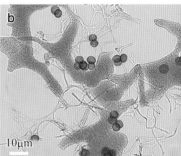
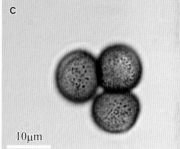

图5.34 光果菌*Leocarpus fragilis*的形态学特征
a. 孢子果 b. 孢丝石灰结 c. 孢子

≡ *Lycoperdon fragile* Dicks., Fasc. pl. crypt. brit. 1:25 (1785)

≡ *Reticularia fragilis* (Dicks.) Poir., in Lamarck, Encycl. 6:183 (1804)

孢子果群生或丛生，全高2～4mm；孢囊呈赭色，倒卵圆形，直径0.8～1.6mm；有柄时，薄弱、细软、近白色，实为膜质基质层的延伸；囊被光滑，发亮，脆，分为3层：外层软骨质，中层石灰质，内层膜质，无色；孢丝Ⅱ型：一型为满含石灰质的白色网体，一型为无色透明细扁管线结部扩大的网体，两者相连而有明显区别；孢子成堆时呈黑色，光学显微镜下呈褐色，一侧有浅色区，有粗疣，直径10～14μm。

基物：枯枝、树皮、苔藓、落叶、活体草本植物。

黑龙江小兴安岭：瑷珲国家森林公园、上甘岭溪水国家森林公园、胜山国家自然保护区（赵凤云等，2019）、汤旺河兴安石林森林公园（赵凤云等，2019）。

黑龙江大兴安岭：北山公园、双河国家自然保护区。

内蒙古大兴安岭：摩天岭（陈双林等，1994；李玉等，2008b）、兴安林场（陈双林等，1994）、海拉尔（朱鹤等，2013）。

标本号：HMJAU-M3464、HMJAU-M3498、HMJAU-M3822、HMJAU-M3942、HMJAU-M4010、HMJAU-M4019、HMJAU-M4029、HMJAU-M4064、HMJAU-M4070、HMJAU-M4081、HMJAU-M4086、HMJAU-M4165。

5.35　白绒泡菌 *Physarum album* (J. B. F. Bull.) F. F. Chevall.

图 5.35　白绒泡菌 *Physarum album* 的形态学特征

a. 孢子果　b. 孢丝石灰结　c. 孢子

≡ *Stemonitis alba* (Bull.) J.F. Gmel., Syst. nat., ed. 13, 2(2):1469 (1792)

≡ *Trichia alba* (Bull.) Räeusch., Nomencl. bot., editio tertia 349 (1797)

≡ *Trichia alba* (Bull.) DC., in Lamarck & De Candolle, Fl. franç., ed. 3, 2:252 (1805)

≡ *Physarum album* (Bull.) Moesz, Folia Cryptog. 1:133 (1925)

　　孢子果群生，有柄，全高可达 1.5mm；孢囊呈灰白色，垂头，扁圆形或半圆形，下面脐凹，直径 0.4 ~ 0.6mm；柄锥针状，一般较长，暗褐色至近黑色；囊被纤薄，盖有白色石灰质，上部开裂为不规则小片，下部为花瓣状；孢丝密，石灰结主要为梭形，白色，连接线无色；孢子成堆时呈暗褐色或黑色，光学显微镜下呈紫褐色，扫描电子显微镜下可以观察到密集的疣点，直径 7 ~ 10μm。

　　基物：落叶、腐木、树皮、活体杨树。

　　黑龙江小兴安岭：大亮子河国家森林公园、五营丰林生物圈自然保护区、上甘岭溪水国家森林公园、逊河（又称逊别拉河）沿岸、孙吴县、绥化森林公园、兴安森林公园、胜山国家自然保护区（赵凤云等，2019）、汤旺河兴安石林森林公园（赵凤云等，2019）、凉水国家自然保护区（赵凤云等，2021）。

　　黑龙江大兴安岭：呼中国家自然保护区、北山公园、栖霞山植物园、双河国家自然保护区。

　　内蒙古大兴安岭：额尔古纳国家自然保护区、汗马国家自然保护区、红花尔基国家自然保护区。

　　标本号：HMJAU-M3025、HMJAU-M3146、HMJAU-M3341、HMJAU-M3394、HMJAU-M3460、HMJAU-M3659、HMJAU-M3680、HMJAU-M3734、HMJAU-M3977、HMJAU-M3984、HMJAU-M4170、HMJAU-M4300。

5.36 高山绒泡菌*Physarum alpinum* (A. Lister & G. Lister) G. Lister

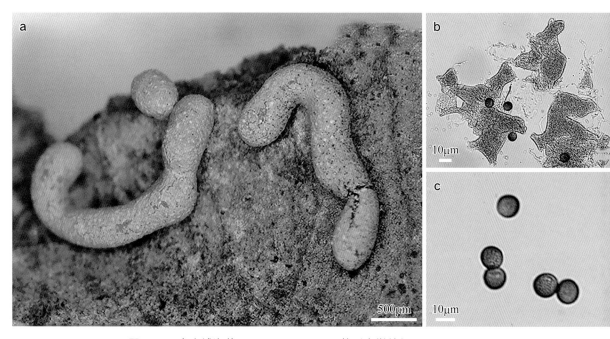

图5.36 高山绒泡菌*Physarum alpinum*的形态学特征

a. 孢子果 b. 孢丝石灰结 c. 孢子

≡ *Physarum virescens* var. *alpinum* Lister & G. Lister, J. Bot. 46:216 (1908)

孢子果群生或小丛生，无柄；孢囊呈深黄色，球形或近球形，或短小联囊体，弯曲至长形，直径0.5～0.6mm，长达3mm；囊被双层，外层厚石灰质，不规则片裂，与无色透明的膜质内层分离，内膜稍有晕光；孢丝密，联结成网状，有扩大膜片，石灰结大，淡黄色，分枝或多角形；孢子成堆时呈黑色，光学显微镜下呈暗紫褐色，密生小疣，一侧色稍淡，球形，直径8.5～10μm。

基物：落叶。

黑龙江大兴安岭：双河国家自然保护区。

标本号：HMJAU-M4069。

5.37 金色绒泡菌 *Physarum auripigmentum* G. W. Martin

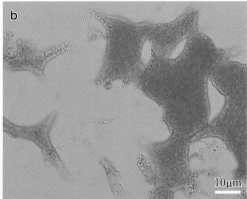

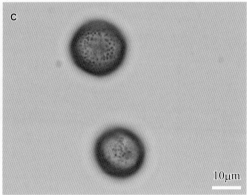

图5.37 金色绒泡菌 *Physarum auripigmentum* 的形态学特征

a. 孢子果 b. 孢丝石灰结 c. 孢子

孢子果群生，有柄，全高1.0 ~ 1.5mm；孢囊呈黄色，球形，直径0.5 ~ 1.0mm；囊被单层，膜质，密布石灰质，石灰质颗粒聚集成近圆形鳞片状，瓣片状开裂；柄短圆柱形，直立，长为全高的1/4 ~ 1/3，基部稍扩大，暗橙红色，无钙，有微纵皱，稍透明；基质层极不明显，近于无；无囊轴和假囊轴；孢丝成密网，持久，线细，石灰结小，圆形，黄色，许多结不含石灰质，并有游离的尖散头；孢子成堆时呈暗褐色，光学显微镜下呈浅黄褐色，稀生小疣，圆球形，直径9 ~ 12μm。

基物：树皮。

黑龙江大兴安岭：漠河市。

标本号：HMJAU-M4021。

5.38 两瓣绒泡菌 *Physarum bivalve* C. H. Pers.

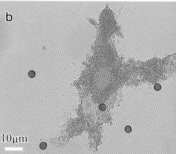
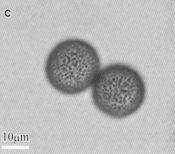

图5.38 两瓣绒泡菌 *Physarum bivalve* 的形态学特征

a. 联囊体 b. 孢丝石灰结 c. 孢子

　　子实体为联囊体，长形，波状弯曲，侧扁，开裂处呈白色，侧面囊被呈灰白色，偶有单个扇形孢囊，全长0.8～1.0mm；基质层膜质，半透明，灰褐色；囊被双层，外层有厚的石灰质，顶部开裂；内层膜质，无色，与外层联贴；孢丝密，无色，石灰结较大，呈白色，不规则或多角形，连接线短；孢子成堆时呈黑色，光学显微镜下呈紫褐色，密生小刺，直径8.5～10.0μm。

　　基物：落叶、枯枝。

　　黑龙江小兴安岭：汤旺河兴安石林森林公园（赵凤云等，2019）。

　　黑龙江大兴安岭：栖霞山植物园。

　　内蒙古大兴安岭：摩天岭（陈双林等，1994）。

　　标本号：HMJAU-M3392、HMJAU-M3954。

绒泡菌目Physarales

5.39 灰绒泡菌*Physarum cinereum* (A. J. G. C. Batsch) C. H. Pers.

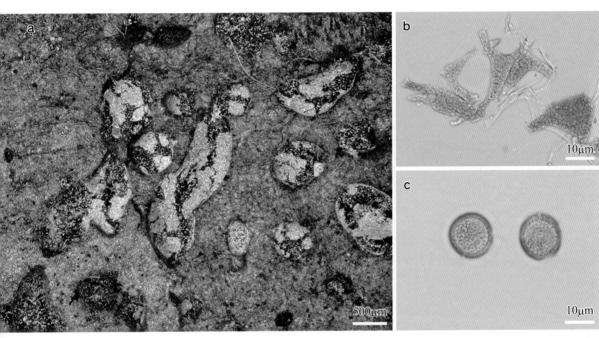

图 5.39 灰绒泡菌*Physarum cinereum* 的形态学特征

a. 孢子果　b. 孢丝石灰结　c. 孢子

≡ *Lycoperdon cinereum* Batsch, Elench. fung. 155 (1783)

≡ *Didymium cinereum* (Batsch) Fr., Syst. mycol. 3(1):126 (1829)

≡ *Badhamia cinerea* (Batsch.) J. Kickx, in J.J.Kickx, Fl. crypt. Flandres 2:25 (1867)

孢子果散生，无柄；孢囊呈灰白色，椭圆形，微曲联囊体，直径0.3～1.0mm；囊被单层，表面覆有密集疣粉状石灰质，内侧稍有晕光；孢丝密，无色，有分枝；石灰结较多，白色，多角形，连线短；孢子成堆时呈紫褐色，光学显微镜下呈浅紫褐色，有小刺，球形至近球形，直径8.5～11.0μm。

基物：树皮、落叶、活体杨树、草本植物。

黑龙江小兴安岭：上甘岭溪水国家森林公园、绥化森林公园、孙吴县、胜山国家自然保护区（赵凤云等，2019）。

黑龙江大兴安岭：漠河市。

内蒙古大兴安岭：汗马国家自然保护区、摩天岭（陈双林等，1994）。

标本号：HMJAU-M3021、HMJAU-M3349、HMJAU-M3638、HMJAU-M3641、HMJAU-M3828、HMJAU-M4005、HMJAU-M4182、HMJAU-M4198、HMJAU-M4225。

5.40 钙丝绒泡菌*Physarum decipiens* M. A. Curtis

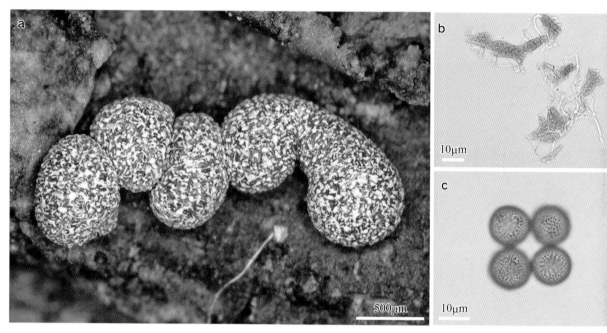

图5.40 钙丝绒泡菌*Physarum decipiens*的形态学特征
a. 孢子果 b. 孢丝石灰结 c. 孢子

≡ *Badhamia decipiens* (M.A. Curtis) Berk., Grevillea 2:66 (1873)

孢子果群生，无柄；孢囊扁球形或垫状，少有薄弱、细软短柄，直径0.5～0.8mm，暗黄色；囊被膜质，浅黄色，常有皱纹，内含黄色石灰质；囊轴无；孢丝近黄色；石灰结多角形，分叉，黄色，类似钙丝菌，无色无钙、连接线很少；孢子成堆时呈黑色，光学显微镜下呈浅紫褐色，有疣或刺，直径11.0～12.5μm。

基物：树皮。

黑龙江小兴安岭：上甘岭溪水国家森林公园。

标本号：HMJAU-M3814。

 5.41 全白绒泡菌 *Physarum globuliferum* (J. B. F. Bull.) C. H. Pers.

图5.41 全白绒泡菌 *Physarum globuliferum* 的形态学特征

a. 孢子果 b. 孢丝石灰结 c. 孢子

≡ *Sphaerocarpus globuliferus* Bull., Hist. champ. France 134 (1791)

≡ *Stemonitis globulifera* (Bull.) J.F. Gmel., Syst. nat., ed. 13, 2(2):1469 (1792)

≡ *Trichia globulifera* (Bull.) Raeusch., Nomencl. bot., editio tertia 349 (1797)

≡ *Diderma globuliferum* (Bull.) Fr., Syst. mycol. 3(1):100 (1829)

≡ *Cytidium globuliferum* (Bull.) Morgan, J. Cincinnati Soc. Nat. Hist. 19(1):10 (1896)

≡ *Lignydium globiferum* (Bull.) Kuntze, Revis. gen. pl. 3(3):490 (1898)

孢子果群生或丛生，有柄，全高0.6～1.5mm；孢囊呈白色，球形或稍扁，直径0.4～0.7mm；柄细，锥针状，向上渐细，有钙，白色，是孢囊直径的近1.5倍；囊轴钝圆，褐色；囊被膜质，上有白色石灰质颗粒结成的壳质片；基质层不明显；孢丝密，石灰结小，圆形或近梭形，污白色（即带点脏的白色）或白色，连接线无色；孢子成堆时呈暗灰褐色，光学显微镜下呈浅紫褐色，直径7～9μm。

基物：腐木、枯枝、落叶、树皮、大型真菌。

黑龙江小兴安岭：爱辉区、孙吴县、逊河沿岸、胜山国家自然保护区（赵凤云等，2019）、凉水国家自然保护区（赵凤云等，2021）。

黑龙江大兴安岭：双河国家自然保护区。

内蒙古大兴安岭：额尔古纳国家自然保护区。

标本号：HMJAU-M3245、HMJAU-M3246、HMJAU-M3248、HMJAU-M3328、HMJAU-M3339、HMJAU-M3348、HMJAU-M3379、HMJAU-M3425、HMJAU-M3554、HMJAU-M3688、HMJAU-M4106、HMJAU-M4178。

5.42 白褐绒泡菌*Physarum leucophaeum* E. M. Fr. & Palmquist

图5.42 白褐绒泡菌*Physarum leucophaeum*的形态学特征

a. 孢子果　b. 孢丝石灰结　c. 孢子

≡ *Tilmadoche leucophaea* (Fr. & Palmquist) Fr., Summa veg. Scand. 454 (1849)

≡ *Physarum nutans* var. *leucophaeum* (Fr. & Palmquist) Lister, Monogr. mycetozoa, ed. 1, 51 (1894)

≡ *Physarum nutans* subsp. *leucophaeum* (Fr. & Palmquist) G.Lister, in Lister, Monogr. mycetozoa, ed. 2, 67 (1911)

孢子果群生或散生，有柄，全高0.9 ~ 1.5mm，或无柄，偶有形成联囊体；孢囊近球形，蓝灰色至白色，下部较暗，直径0.5 ~ 1.0mm；囊被薄膜质，有晕光，散布石灰质，有时很厚，下面平圆，基部常有暗色浅杯或小盘，开裂不规则；柄一般短，暗褐色，表面常有粉状石灰质，常扭拧成绳状；基质层呈暗色网脉状；孢丝细密，石灰结多，白色，多数圆形，有些呈多角形或分叉；孢子成堆时呈黑色，光学显微镜下呈褐色，有小疣，直径9 ~ 11μm。

基物：腐木。

黑龙江大兴安岭：呼中国家自然保护区。

标本号：HMJAU-M4053。

5.43 白柄绒泡菌*Physarum leucopus* J. H. F. Link

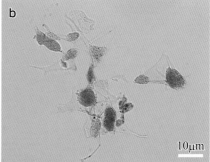
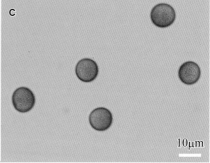

图5.43 白柄绒泡菌*Physarum leucopus* 的形态学特征

a. 孢子果   b. 孢丝石灰结   c. 孢子

≡ *Didymium leucopus* (Link) Fr., Syst. mycol. 3(1):121 (1829)

≡ *Didymium squamulosum* var. *leucopus* (Link) Rostaf., Sluzowce monogr. 160 (1874)

孢子果群生，有柄，全高1.0～1.3mm；孢囊呈灰白色，球形，直径0.5～0.6mm；囊被上石灰质呈小颗粒状，分散或成丛；柄粗壮，白色，有槽，含钙，脆，长约为全高的一半，有时很短；囊轴一般无或有时形成假囊轴；孢丝较稀，石灰结大，多角形，白色，连接线短，无色；孢子成堆时呈黑色，光学显微镜下呈浅紫褐色，有疣，直径8～10μm。

基物：腐木、树皮、落叶、裂褶菌。

黑龙江小兴安岭：凉水国家自然保护区（赵凤云等，2021）。

黑龙江大兴安岭：呼中国家自然保护区。

内蒙古大兴安岭：摩天岭（陈双林等，1994）、伊尔施（陈双林等，1994）、海拉尔（朱鹤等，2013）。

标本号：HMJAU-M4043、HMJAU-M4045、HMJAU-M4050、HMJAU-M4052、HMJAU-M4062、HMJAU-M4145、HMJAU-M4146。

绒泡菌目Physarales

5.44 大孢绒泡菌*Physarum megalosporum* T. H. Macbr.

图5.44 大孢绒泡菌*Physarum megalosporum*的形态学特征

a. 孢子果 b. 孢丝石灰结 c. 孢子

≡ *Physarum melanospermum* Sturgis, Mycologia 9(6): 323 (1917)

孢子果群生，有柄，全高1.0～1.2mm；孢囊扁环状或上部脐凹，粗糙，上部呈白色，下部呈暗色，直径0.4～0.7mm；有柄时表面粗糙；基质层呈黑色，不明显；囊轴缺；孢丝钙质多，石灰结呈白色，不规则形，通常在中间密集结合，形成假囊轴，连接线细短，白色；孢子成堆时呈黑色，光学显微镜下呈暗紫褐色，球形，有浅色开裂区，密布小疣，直径12～14μm。

基物：枯枝、树皮。

黑龙江小兴安岭：凉水国家自然保护区。

标本号：HMJAU-M3590。

5.45 淡黄绒泡菌*Physarum melleum* (M. J. Berk. & C. E. Broome) G. Massee

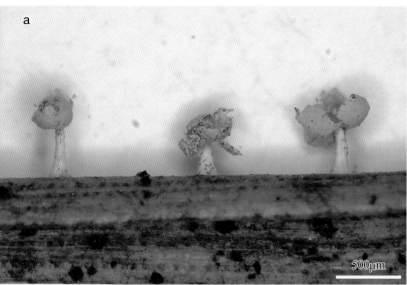
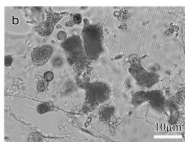
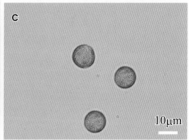

图5.45 淡黄绒泡菌*Physarum melleum*的形态学特征

a. 孢子果 b. 孢丝石灰结 c. 孢子

≡ *Didymium melleum* Berk. & Broome, J. Linn. Soc., Bot. 14:83 (1873)

≡ *Physarum schumacheri* var. *melleum* (Berk. & Broome) Rostaf., Sluzowce monogr. suppl. 7 (1876)

≡ *Cytidium melleum* (Berk. & Broome) Morgan, J. Cincinnati Soc. Nat. Hist. 19(1):11 (1896)

孢子果群生，有柄，全高0.5～0.8mm；孢囊呈黄色，球形，下面稍扁，直径0.3～0.5mm；柄粗壮，向上渐细，白色，有槽，覆有石灰质，高约等于孢囊直径；囊被粗糙，表面附有一层黄色石灰质小颗粒，膜质，基部持久留存；囊轴小圆锥形，白色；孢丝密，石灰结大，多角形，黄色；基质层呈白色；孢子成堆时呈黑色，光学显微镜下呈浅紫褐色，有小疣，直径7～9μm。

基物：落叶、腐木、树皮、枯枝。

黑龙江小兴安岭：上甘岭溪水国家森林公园、四丰山、绥化森林公园、孙吴县、胜山国家自然保护区（赵凤云等，2019）。

内蒙古大兴安岭：海拉尔（朱鹤等，2013）。

标本号：HMJAU-M3009、HMJAU-M3018、HMJAU-M3338、HMJAU-M3827、HMJAU-M4179、HMJAU-M4180、HMJAU-M4181、HMJAU-M4207。

5.46　联生绒泡菌*Physarum notabile* T. H. Macbr.

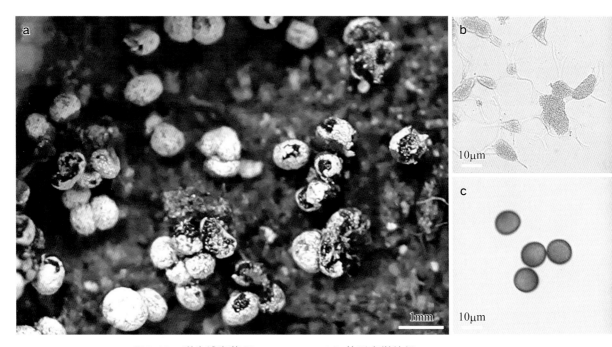

图5.46　联生绒泡菌*Physarum notabile* 的形态学特征

a. 孢子果　b. 孢丝石灰结　c. 孢子

≡ *Didymium connatum* Peck, Bull. Buffalo Soc. Nat. Sci. 1:64 (1873)

　　孢子果群生，有柄或无柄；孢囊呈灰白色，球形至肾形，直径0.5～1.0mm；无柄时暗色囊基收缩为杯状，无柄时常过渡到短联囊体，密集成群；囊被膜质，密布灰白色石灰质，特别是上部多，有时几乎无钙；柄存在时为不规则形，向上渐细，有深褶槽，暗色或散布石灰质颗粒；孢丝密，石灰结呈白色，圆形或多角形，大小不等，连接线较长，无色透明，有的节部无石灰结；孢子成堆时呈黑色，光学显微镜下呈榄褐色，密生细刺，直径10～11μm。

　　基物：树皮。

　　黑龙江大兴安岭：漠河市。

　　内蒙古大兴安岭：摩天岭（陈双林等，1994；李玉等，2008b）。

　　标本号：HMJAU-M4017。

5.47　玫瑰绒泡菌 *Physarum roseum* M. J. Berk. & C. E. Broome

图5.47　玫瑰绒泡菌 *Physarum roseum* 的形态学特征

a. 孢子果　b. 孢丝石灰结　c. 孢子

孢子果群生，有柄，全高1.0～1.4mm；孢囊呈紫褐色，近球形，垂头，直径0.7～0.8mm；柄无石灰质，有纵槽，半透明，上部较细，紫红色，下部呈褐黄色，基部扩展，与小圆盘状基质层相接；囊被膜质，紫色，覆有石灰质颗粒，囊基残留，无囊轴；孢丝细，较密，淡紫色，二分叉，有联结，石灰结多，外形较小，紫褐色，椭圆形、长形、棱形；孢子成堆时呈紫黑色，光学显微镜下呈粉紫褐色，有微细疣刺，球形，直径7.5～9.0μm。

基物：腐木、树皮。

黑龙江小兴安岭：茅兰沟国家森林公园、凉水国家自然保护区（赵凤云等，2021）。

标本号：HMJAU-M3577、HMJAU-M3900。

5.48 简单绒泡菌*Physarum simplex* M. E. Peck

图5.48 简单绒泡菌*Physarum simplex* 的形态学特征

a. 孢子果 b. 孢丝石灰结 c. 孢子

孢子果群生，有柄，全高可达1.5 ~ 2.0mm；孢囊呈黄色，垂头，近球形，下面微有脐凹，直径0.15 ~ 0.25mm；柄细长，弯曲，灰白色或乳白色，近底部呈褐色（多近的距离）；囊被纤薄，由于盖有黄色石灰质而厚，不开裂；基质层呈褐色；无囊轴；孢丝密，石灰结主要为梭形，橙色或黄色，连接线无色；孢子成堆时呈暗褐色，光学显微镜下色浅，扫描电子显微镜下有密集的疣，直径8 ~ 10μm。

基物：树皮、腐木。

黑龙江小兴安岭：大亮子河国家森林公园、胜山国家自然保护区（Zhao et al., 2018b）。

标本号：HMJAU1019、HMJAU-M3479。

绒泡菌目Physarales

5.49 绿绒泡菌 *Physarum viride* (J. B. F. Bull.) C. H. Pers.

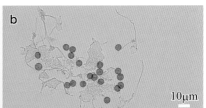

图5.49 绿绒泡菌 *Physarum viride* 的形态学特征

a. 孢子果　b. 孢丝石灰结　c. 孢子

≡ *Stemonitis viridis* (Bull.) J.F. Gmel., Syst. nat., ed. 13, 2(2):1469 (1792)

≡ *Trichia viridis* (Bull.) Räeusch., Nomencl. bot., editio tertia 349 (1797)

≡ *Physarum nutans* var. *viride* (Bull.) Fr., Syst. mycol. 3(1):129 (1829)

孢子果群生，有柄，全高可达1.5mm；孢囊呈黄色，垂头，扁圆形或半圆形，下面脐凹，直径0.3～0.5mm；柄锥针状，较长，上部呈浅黄色，下部较深暗或近黑褐色；囊被纤薄，盖有石灰质，上部开裂为不规则小片；孢丝密，石灰结主要为梭形，黄色，连接线无色；孢子成堆时呈暗褐色或紫黑色，光学显微镜下呈紫色，表面有小疣或刺，直径8～10μm。

基物：腐木、树皮。

黑龙江小兴安岭：瑷珲国家森林公园、大亮子河国家森林公园、茅兰沟国家森林公园、孙吴县、五大连池国家自然保护区、逊别拉河自然保护区、兴安森林公园、伊春市、凉水国家自然保护区（王琦等，1994；赵凤云等，2021）、胜山国家自然保护区（赵凤云等，2019）、汤旺河兴安石林森林公园（赵凤云等，2019）。

黑龙江大兴安岭：北山公园、呼中国家自然保护区、大兴安岭地区十八站。

内蒙古大兴安岭：额尔古纳国家自然保护区、红花尔基国家自然保护区、双河国家自然保护区、兴安林场（陈双林等，1994）、海拉尔（朱鹤等，2013）。

标本号：HMJAU-M3026、HMJAU-M3089、HMJAU-M3193、HMJAU-M3204、HMJAU-M3459、HMJAU-M3682、HMJAU-M3700、HMJAU-M3800、HMJAU-M4071、HMJAU-M4107、HMJAU-M4283、HMJAU-M4382。

5.50　木生绒泡菌 *Physarum xylophilum* S.- L. Chen & Y. Li

图5.50　木生绒泡菌 *Physarum xylophilum* 的形态学特征

a. 孢子果　b. 孢丝石灰结　c. 孢子

　　孢子果群生，有时 2 ～ 3 个丛生，直立，有柄，全高 1.0 ～ 1.5mm；孢囊呈白色或灰白色，少数垂头，球形或稍扁，直径 0.6 ～ 0.8mm；囊被单层，膜质，灰色，有光泽，匀生白色石灰质丛簇；柄直立或稍弯，圆柱形，向上稍细，长约等于或稍短于孢囊直径，有纵槽，浅褐色，在丛生孢子果中，柄融联；基质层圆形，淡褐色，平薄，有时融联成网脉状；孢丝密集连成致密网体，网线纤细，透明，石灰结白色，较小且多，多数为多角形或长形；孢子成堆时呈暗黑褐色，光学显微镜下呈浅褐色，匀生小疣，圆球形，常一侧色浅，直径 11.0 ～ 12.5μm。

　　基物：树皮。

　　黑龙江大兴安岭：漠河市。

　　标本号：HMJAU-M3996。

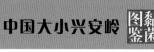

5.51 粉瘤菌 *Lycogala epidendrum* (J. C. Buxb. ex L.) E. M. Fr.

图 5.51 粉瘤菌 *Lycogala epidendrum* 的形态学特征

a. 复囊体 b. 假孢丝 c. 孢子

≡ *Lycoperdon epidendrum* L., Sp. pl. 2:1184 (1753)

≡ *Galeperdon epidendrum* (L.) F.H. Wigg., Prim. fl. holsat. 109 (1780)

子实体为复囊体，散生或密集群生，近球形至扁球形；幼子实体呈粉色，成熟时呈黄褐色至深青褐色，宽 3 ~ 15mm；皮层较薄而脆，有暗褐色小鳞疣，稍粗糙；假孢丝长，分枝并联结，扁管状，有明显的褶皱，主枝近基部粗 12 ~ 25μm，分枝粗 6 ~ 12μm，散头钝圆或棍棒状；孢子成堆时呈浅赭色，光学显微镜下呈无色，球形，有不完整网纹，直径 6 ~ 7μm。

基物：腐木、枯木、树皮、苔藓。

黑龙江小兴安岭：爱辉区、上甘岭溪水国家森林公园、绥化森林公园、五大连池市、五营丰林生物圈自然保护区、兴安森林公园、逊河沿岸、凉水国家自然保护区（王琦等，1994；赵凤云等，2021）、汤旺河兴安石林森林公园（赵凤云等，2019）、胜山国家自然保护区（赵凤云等，2019）。

黑龙江大兴安岭：呼中国家自然保护区、双河国家自然保护区。

内蒙古大兴安岭：额尔古纳国家自然保护区、汗马国家自然保护区、红花尔基国家森林公园、红花尔基国家自然保护区、阿尔山（陈双林等，1994）、根河（陈双林等，1994）、海拉尔（朱鹤等，2013）。

标本号：HMJAU-M3037、HMJAU-M3162、HMJAU-M3202、HMJAU-M3262、HMJAU-M3271、HMJAU-M3312、HMJAU-M3387、HMJAU-M3408、HMJAU-M3422、HMJAU-M3434、HMJAU-M3539、HMJAU-M3629、HMJAU-M3705、HMJAU-M4025、HMJAU-M4067、HMJAU-M4222、HMJAU-M4236、HMJAU-M4272、HMJAU-M4285、HMJAU-M4328、HMJAU-M4356。

5.52 小粉瘤菌*Lycogala exiguum* A. P. Morgan

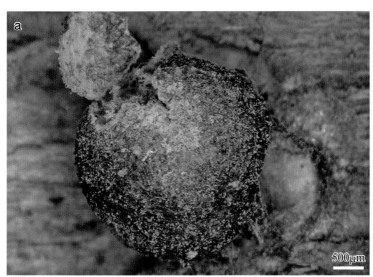
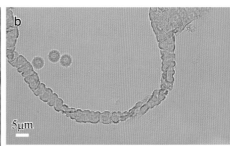
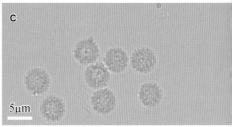

图5.52 小粉瘤菌*Lycogala exiguum*形态学特征

a. 复囊体 b. 假孢丝 c. 孢子

≡ *Lycogala epidendrum* var. *exiguum* (Morgan) Torrend, Brotéria, Sér. Bot. 7:27 (1908)

复囊体散生或群生，近球形，宽0.5 ~ 10.0mm，暗色或近于黑色；皮层呈黄褐色，有一层密疣鳞，黑色，细网格；从顶上开裂，不规则；假孢丝为无色或黄色的分枝管体，从皮层内侧伸出，基部常光滑，其余部分粗糙，有横褶皱，直径2 ~ 10μm；孢子成堆时呈粉红赭色，光学显微镜下近无色，隐约有不规整的线条和疣点，直径4 ~ 6μm。

基物：腐木、树枝、树皮。

黑龙江小兴安岭：瑷珲国家森林公园、茅兰沟国家森林公园、上甘岭溪水国家森林公园、孙吴县、绥化森林公园、五营丰林生物圈自然保护区、爱辉区新生乡、逊河沿岸、伊春市、凉水国家自然保护区（王琦等，1994；赵凤云等，2021）、胜山国家自然保护区（赵凤云等，2019）、汤旺河兴安石林森林公园（赵凤云等，2019）。

黑龙江大兴安岭：呼中国家自然保护区、双河国家自然保护区。

内蒙古大兴安岭：摩天岭（陈双林等，1994；李玉等，2008a）、海拉尔（朱鹤等，2013）。

标本号：HMJAU-M3074、HMJAU-M3170、HMJAU-M3314、HMJAU-M3377、HMJAU-M3506、HMJAU-M3692、HMJAU-M3755、HMJAU-M3771、HMJAU-M3850、HMJAU-M3884、HMJAU-M3949、HMJAU-M3986、HMJAU-M4020、HMJAU-M4035、HMJAU-M4049、HMJAU-M4091、HMJAU-M4126、HMJAU-M4133、HMJAU-M4152、HMJAU-M4229、HMJAU-M4380。

线膜菌目Reticulariales

5.53 网线膜菌*Reticularia jurana* C. Meyl.

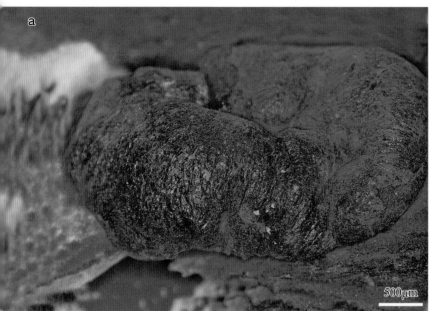

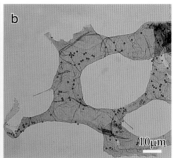

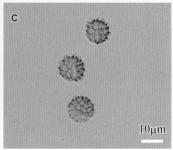

图5.53 网线膜菌*Reticularia jurana*的形态学特征

a. 复囊体　b. 假孢丝　c. 孢子

≡ *Reticularia lycoperdon* var. *jurana* (Meyl.) G. Lister, in Lister, Monogr. mycetozoa, ed. 3, 196 (1925)

　≡ *Reticularia splendens* var. *jurana* (Meyl.) Kowalski, Mycologia 67(3):452 (1975)

　≡ *Enteridium splendens* var. *juranum* (Meyl.) Härk., Karstenia 19:5 (1979)

　≡ *Enteridium juranum* (Meyl.) L.H. Cavalc. & S.C. Brito, Biol. Brasilica 2(2):122 (1990)

复囊体垫状，宽4~5cm，褐色，表面有褶皱；基质层不明显；假孢丝从基部起为直立膜片状，树状分叉，有扩大片，最终分为扁平、弯曲的锈褐色线条；孢子成堆时呈锈褐色，分散或结成疏松的团，球形或陀螺形，孢子表面有完整网纹，直径7.5~9.0μm。

基物：腐木、枯木、树皮。

黑龙江小兴安岭：上甘岭溪水国家森林公园、胜山国家自然保护区（赵凤云等，2019）、汤旺河兴安石林森林公园（赵凤云等，2019）。

标本号：HMJAU-M3161、HMJAU-M3308、HMJAU-M3323、HMJAU-M3327、HMJAU-M4319、HMJAU-M4323、HMJAU-M4339、HMJAU-M4343、HMJAU-M4352、HMJAU-M4371。

5.54 线膜菌*Reticularia lycoperdon* J. B. F. Bull.

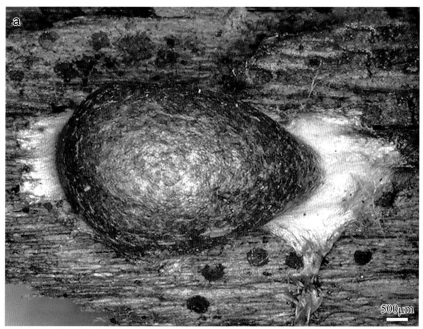
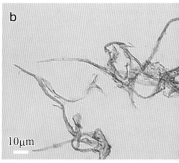
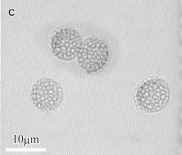

图5.54 线膜菌*Reticularia lycoperdon*的形态学特征

a. 复囊体 b. 假孢丝 c. 孢子

≡ *Fuligo lycoperdon* (Bull.) Schumach., Enum. pl. 2:193 (1803)

≡ *Enteridium lycoperdon* (Bull.) M.L. Farr, Taxon 25(4):514 (1976)

复囊体近球形，宽3～5cm，有一银色薄皮层，褐色；基质层呈白色，在子实体基部周围形成明显边缘；假孢丝从基部起为直立膜片状，树状分叉，有扩大片，最终分为扁平、弯曲的锈褐色线条；孢子成堆时呈锈褐色，分散或结成疏松的团，球形或陀螺形，约2/3面上有网纹，直径7～9μm。

基物：腐木、树皮、落叶。

黑龙江大兴安岭：呼中国家自然保护区。

内蒙古大兴安岭：额尔古纳国家自然保护区、汗马国家自然保护区、红花尔基国家自然保护区、海拉尔（朱鹤等，2013）。

标本号：HMJAU-M3636、HMJAU-M3684、HMJAU-M3687、HMJAU-M3730、HMJAU-M3731、HMJAU-M4044、HMJAU-M4047。

线膜菌目Reticulariales

5.55 网被筒菌*Tubifera dictyoderma* N. E. Nann.-Bremek. & Loer.

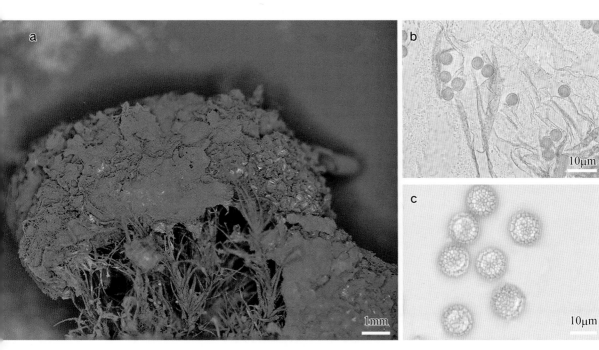

图5.55 网被筒菌*Tubifera dictyoderma*的形态学特征

a. 假复囊体 b. 假孢丝 c. 孢子

子实体为假复囊体，无柄，由紧密相连的孢囊组成，生于略突起的基质层上，顶部光滑，灰褐色至浅栗褐色，为略压扁的半球形，直径约5cm；孢囊为圆柱状，挤成多角形，高3～5mm，宽0.5mm；囊被硬，持久，顶壁平展，成网状，侧壁融联；基质层略突起，乳白色至淡黄色；无假孢丝；孢子成堆时呈肉桂色，光学显微镜下呈浅粉褐色，球形，有网纹，直径4.7～5.2μm。

基物：腐木、枯木、树皮。

黑龙江小兴安岭：大亮子河国家森林公园、胜山国家自然保护区（赵凤云等，2019）。

黑龙江大兴安岭：漠河市、大兴安岭地区十八站。

标本号：HMJAU-M3034、HMJAU-M3512、HMJAU-M3526、HMJAU-M4002、HMJAU-M4385。

线膜菌目Reticulariales

5.56 两型筒菌*Tubifera dimorphotheca* N. E. Nann.- Bremek. & Loer.

图5.56 两型筒菌*Tubifera dimorphotheca*的形态学特征

a. 假复囊体　b. 假孢丝　c. 孢子

　　子实体为假复囊体，圆柱状，高达3mm，宽约0.1mm，通常密集互相挤压成假复囊体，宽0.5～1.0cm，无柄，着生在扩展的海绵状基质层上，金褐色；囊被薄，膜质，半透明，有光泽，持久，顶部易开裂，囊被内侧有散生的小突起；基质层发达，淡褐色；孢子成堆时呈黄褐色，光学显微镜下色浅，球形，有网纹，直径5～8μm。

基物：腐木。

黑龙江小兴安岭：汤旺河兴安石林森林公园（赵凤云等，2019）。

黑龙江大兴安岭：双河国家自然保护区。

标本号：HMJAU-M3413、HMJAU-M4068、HMJAU-M4313。

5.57 筒菌*Tubifera ferruginosa* (A. J. G. C. Batsch) J. F. Gmelin

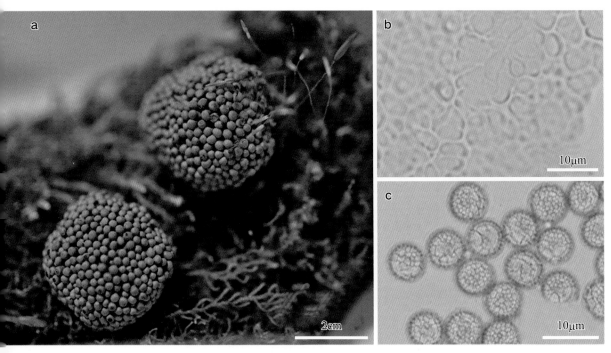

图5.57 筒菌*Tubifera ferruginosa*的形态学特征

a. 假复囊体 b. 假孢丝 c. 孢子

≡ *Stemonitis ferruginosa* Batsch, Elench. fung. continuatio prima 261 (1786)

≡ *Lycoperdon ferruginosum* (Batsch) Timm, Fl. megapol. prodr. 276 (1788)

子实体为假复囊体，圆柱状至卵圆形，高达5mm，宽0.2～0.4mm，通常密集互相挤压成多角形，形成假复囊体，宽达2～3cm，无柄，着生在扩展的海绵状基质层上，很少稀疏丛生，浅色至深红褐色或紫褐色；囊被薄，膜质，半透明，有光泽，持久，顶部圆凸，由此开裂，或成盖状，囊被内侧有散生小突起；基质层发达，无色或淡色；孢子成堆时呈暗红褐色，光学显微镜下色浅，球形，约3/4面上有网纹，直径5～8μm。

基物：腐木、树皮。

黑龙江小兴安岭：凉水国家自然保护区（王琦等，1994）、汤旺河兴安石林森林公园（赵凤云等，2019）。

黑龙江大兴安岭：双河国家自然保护区。

内蒙古大兴安岭：摩天岭（陈双林等，1994；李玉等，2008a）、海拉尔（朱鹤等，2013）。

标本号：HMJAU-M4306、HMJAU-M4307、HMJAU-M4308、HMJAU-M4349。

5.58　黑发菌*Comatricha nigra* (C. H. Pers.) J. Schröt.

图5.58　黑发菌*Comatricha nigra*　形态学特征
a. 孢子果　b. 孢丝　c. 孢子

≡ *Stemonitis nigra* Pers. ex J.F. Gmel., Syst. nat., ed. 2(2):1467 (1792)

　　孢子果散生，有柄，全高3～5mm；孢囊呈暗紫褐色至近黑色，近圆球形，（0.4～0.7）mm×（0.35～0.6）mm，直立；柄黑色，纤细，锥形，长1.5～2.5mm；囊轴高达孢囊中上部，分散为孢丝；孢丝呈紫褐色，纤细，弯曲，分枝并联结成密网；孢子成堆时呈黑色，光学显微镜下呈浅褐色，圆球形，有小疣，直径8～10μm。

　　基物：腐木。

　　黑龙江小兴安岭：凉水国家自然保护区（赵凤云等，2011）。

　　内蒙古大兴安岭：红花尔基国家森林公园、摩天岭（陈双林等，1994；李玉等，2008b）、兴安林场（陈双林等，1994）、海拉尔（朱鹤等，2013）。

　　标本号：HMJAU-M3742、HMJAU-M4246、HMJAU-M4249、HMJAU-M4258。

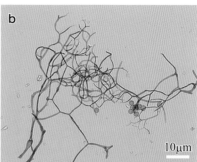

5.59　粗壮发菌 *Comatricha suksdorfii* J. B. Ellis & B. M. Everh.

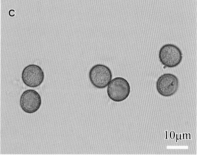

图5.59　粗壮发菌 *Comatricha suksdorfii* 的形态学特征

a. 孢子果　b. 孢丝　c. 孢子

≡ *Stemonitis suksdorfii* (Ellis & Everh.) Massee, Monogr. Myxogastr. 76 (1892)

≡ *Comatricha nigra* var. *suksdorfii* (Ellis & Everh.) Sturgis, Colorado Coll. Stud. Sci. Ser. 12(1):33 (1907)

≡ *Stemonitopsis suksdorfii* (Ellis & Everh.) T.N. Lakh. & K.G. Mukerji, Biblioth. Mycol. 78:411 (1981)

孢子果群生，有柄，全高4～8mm；孢囊呈黑色，圆柱状或倒卵形，在孢子散布后呈浅褐色；柄长约为全高的1/2；基质层膜质，深棕色；囊被呈银色，通常消失；囊轴呈黑色，近囊顶；孢丝呈暗黑色，密集，末端散头多；孢子成堆时呈黑色，光学显微镜下呈褐色，有疣，直径10～12μm。

基物：腐木、树皮。

黑龙江小兴安岭：爱辉区新生乡、汤旺河兴安石林森林公园（赵凤云等，2019）、凉水国家自然保护区（赵凤云等，2021）。

标本号：HMJAU-M3147、HMJAU-M3148、HMJAU-M3754、HMJAU-M3845。

5.60 细发菌Comatricha tenerrima (M. A. Curtis) G. Lister

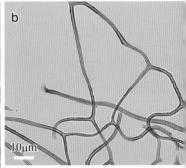
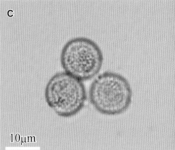

图5.60 细发菌Comatricha tenerrima 的形态学特征

a. 孢子果 b. 孢丝 c. 孢子

≡ *Stemonitis tenerrima* M.A. Curtis, Amer. J. Sci. Arts, ser. 2 6:352 (1848)

≡ *Comatricha persoonii* var. *tenerrima* (M.A. Curtis) Lister, Monogr. mycetozoa, ed. 1, 122 (1894)

≡ *Comatricha pulchella* var. *tenerrima* (M.A. Curtis) G. Lister, in Lister, Monogr. mycetozoa, ed. 2, 156 (1911)

孢子果散生，有柄，全高2～3mm；孢囊呈棕粉红色，纺锤形；柄纤细，黑色，接近全高的1/2；囊轴细长，接近囊顶；孢丝曲折，丰富，分枝，变窄的向外或没有更大的枝，淡棕色，环状在边缘且没有自由端；孢子成堆时呈褐色，光学显微镜下呈淡褐色，具有刺，直径7～8μm。

基物：腐木。

黑龙江小兴安岭：茅兰沟国家森林公园、伊春市。

标本号：HMJAU-M3164、HMJAU-M3995。

5.61 垂丝菌 *Enerthenema papillatum* (C. H. Pers.) J. Rostaf.

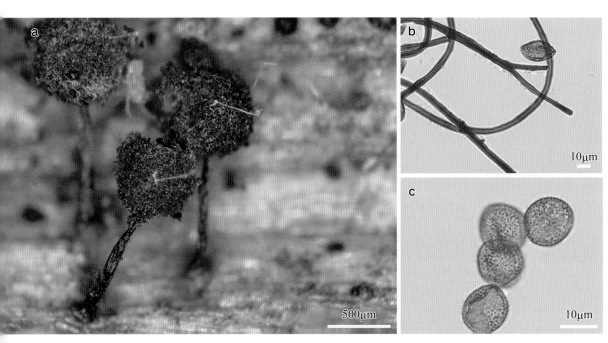

图5.61 垂丝菌 *Enerthenema papillatum* 的形态学特征

a. 孢子果　b. 孢丝　c. 孢子

发网菌目 Stemonitidales

≡ *Stemonitis papillata* Pers., Neues Mag. Bot. 1:90 (1794)

≡ *Comatricha papillata* (Pers.) J. Schröt., in Cohn, Krypt.-Fl. Schlesien 3(1):118 (1885)

孢子果散生，有柄，全高1.0～1.5mm；孢囊呈暗褐色，近球形，直径0.5～0.8mm；柄黑色发暗，向上渐细，约为全高的1/2，延伸为囊轴直达囊顶，顶端扩大为发亮的小杯或漏斗状圆盘，直径不超过0.2mm；孢丝从轴顶盘下垂，弯曲，暗色，分枝少；孢子分散，成堆时呈橄榄褐色，光学显微镜下呈灰褐色，有疣，直径8～12μm。

基物：腐木。

黑龙江小兴安岭：茅兰沟国家森林公园。

内蒙古大兴安岭：海拉尔（朱鹤等，2013）。

标本号：HMJAU-M3189、HMJAU-M3190。

5.62 细拟发网菌 *Stemonitopsis gracilis* (H. Wingate ex G. Lister) N. E. Nann.-Bremek.

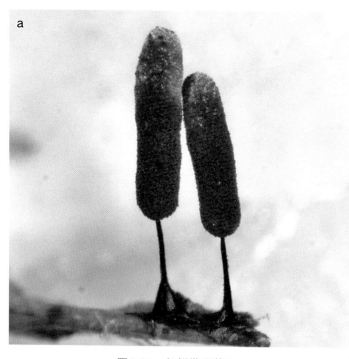

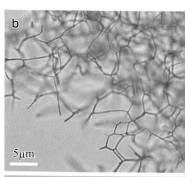

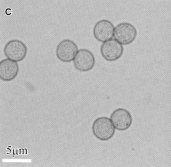

图5.62 细拟发网菌 *Stemonitopsis gracilis* 的形态学特征

a. 孢子果   b. 孢丝   c. 孢子

≡ *Comatricha pulchella* var. *gracilis* G. Lister, in Lister, Monogr. mycetozoa, ed. 2, 156 (1911)

孢子果群生，有柄，全高2～3mm；孢囊为圆柱形，顶端钝圆，直立；柄呈黑褐色，长为全高的1/3～1/2；囊被早凋落；基质层呈褐色；囊轴呈黑色，向上渐细，近囊顶；孢丝稠密，弯曲，分枝并联结成内网；表面网接近完整，游离末梢少，细短，色淡；孢子成堆时呈浅紫褐色，光学显微镜下近无色，球形，有小疣和几丛大疣，直径6～7μm。

基物：腐木、树皮。

黑龙江小兴安岭：凉水国家自然保护区（赵凤云等，2021）。

内蒙古大兴安岭：摩天岭（陈双林等，1994）。

标本号：HMJAU-M3072、HMJAU-M4140。

5.63 香蒲拟发网菌 *Stemonitopsis typhina* (F. H. Wigg.) N. E. Nann.-Bremek.

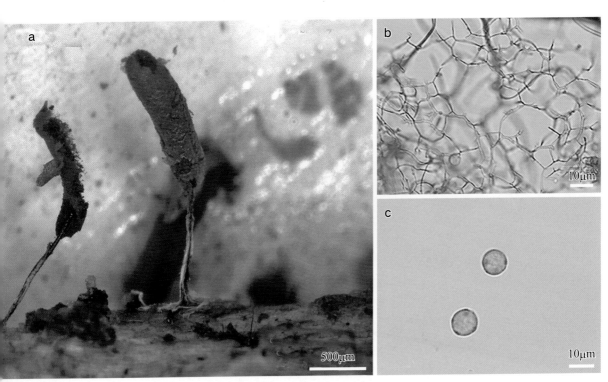

图5.63 香蒲拟发网菌 *Stemonitopsis typhina* 的形态学特征

a. 孢子果　b. 孢丝　c. 孢子

≡ *Stemonitis typhina* F.H. Wigg., Prim. fl. holsat. 110 (1780)

孢子果群生，有柄，全高2～4mm；孢囊为圆柱形，顶端钝圆，直立，少数弯曲；柄呈黑褐色，有银灰色膜，长为全高的1/3～1/2；囊被凋落迟，初期呈银灰色，有光泽，成熟后成片脱落，部分留存较持久；基质层呈褐色；囊轴呈黑色，向上渐细，近囊顶；孢丝稠密，弯曲，分枝并联结，游离末梢细短，色淡；孢子成堆时呈浅紫褐色，光学显微镜下近无色，球形，有小疣和几丛大疣，直径6.0～7.5μm。

基物：腐木。

黑龙江小兴安岭：逊别拉河自然保护区、伊春市、凉水国家自然保护区（王琦等，1994；赵凤云等，2021）、汤旺河兴安石林森林公园（赵凤云等，2019）。

标本号：HMJAU-M3768、HMJAU-M3862、HMJAU-M3940、HMJAU-M3991、HMJAU-M4154、HMJAU-M4340、HMJAU-M4341。

5.64 锈发网菌*Stemonitis axifera* (J. B. F. Bull.) T. H. Macbr.

图5.64 锈发网菌*Stemonitis axifera*的形态学特征

a.孢子果 b. 孢丝表面网 c. 孢子

≡ *Trichia axifera* Bull., Herb. France 10 (109-120): pl. 477, fig. 1 (1790)

孢子果丛生成小簇到中簇，着生在共同的基质层上，有柄，全高7～20mm；孢囊呈锈褐色，窄圆柱形，顶端稍尖，孢子散出后呈浅褐色；柄黑色有光泽，高3～7mm；囊轴向上渐细，在囊顶下分散，从囊轴全长均匀伸出较多的孢丝主枝；孢丝呈褐色，分枝并联结成中等密度的网体，有一些膜质扩大片；表面网色浅，细密，光滑平整，持久，多角形，多数宽5～20μm；孢子成堆时呈锈褐色，光学显微镜下呈淡锈褐色，球形或近球形，有微小疣点，直径5～7μm。

基物：腐木、枯木、枯枝、树皮。

黑龙江小兴安岭：大亮子河国家森林公园、茅兰沟国家森林公园、上甘岭溪水国家森林公园、孙吴县、五大连池国家自然保护区、五营丰林生物圈自然保护区、爱辉区新生乡、伊春市、凉水国家自然保护区（王琦等，1994；赵凤云等，2021）、汤旺河兴安石林森林公园（赵凤云等，2019）。

黑龙江大兴安岭：呼中国家自然保护区、双河国家自然保护区。

内蒙古大兴安岭：额尔古纳国家自然保护区、汗马国家自然保护区、赛罕乌拉国家自然保护区、摩天岭（陈双林等，1994；李玉等，2008b）。

标本号：HMJAU-M3030、HMJAU-M3079、HMJAU-M3099、HMJAU-M3149、HMJAU-M3156、HMJAU-M3421、HMJAU-M3610、HMJAU-M3654、HMJAU-M3696、HMJAU-M3757、HMJAU-M3794、HMJAU-M3805、HMJAU-M3807、HMJAU-M3843、HMJAU-M3923、HMJAU-M3948、HMJAU-M3972、HMJAU-M3993、HMJAU-M4157、HMJAU-M4239、HMJAU-M4289、HMJAU-M4296、HMJAU-M4373。

发网菌目Stemonitidales

5.65 褐发网菌 *Stemonitis fusca* A. W. Roth

图5.65　褐发网菌 *Stemonitis fusca* 的形态学特征

a. 孢子果　b. 孢丝　c. 孢子

孢子果密集丛生，常成大群落，着生在褐色膜质的基质层上，有柄，全高5～20mm；孢囊呈暗褐色，细长圆柱形，顶端钝圆，孢子散出后色浅；柄黑色发亮，在短小孢囊中接近全高的1/2；囊轴近黑色，接近囊顶；孢丝呈褐色，从囊轴全长伸出，分枝并联结成稀疏网体，末端连接表面网；表面网较密，网孔小，多角形，孔径多在15μm以下，表面平整，光滑或有短刺；孢子成堆时呈黑褐色，光学显微镜下呈浅灰紫褐色，球形，具有由均匀密疣组成的网纹，直径7～10μm。

基物：枯枝、落叶、腐木、树皮、活体草本植物。

黑龙江小兴安岭：瑷珲国家森林公园、茅兰沟国家森林公园、上甘岭溪水国家森林公园、四丰山、绥化森林公园、孙吴县、五大连池国家自然保护区、乌伊岭国家自然保护区、五营丰林生物圈自然保护区、逊别拉河自然保护区、爱辉区新生乡、伊春市、凉水国家自然保护区（王琦等，1994；赵凤云等，2021）、汤旺河兴安石林森林公园（赵凤云等，2019）。

黑龙江大兴安岭：固奇谷湿地公园、大兴安岭地区十八站、双河国家自然保护区。

内蒙古大兴安岭：额尔古纳国家自然保护区、红花尔基国家自然保护区、摩天岭（陈双林等，1994；李玉等，2008b）、兴安林场（陈双林等，1994）。

标本号：HMJAU-M3020、HMJAU-M3117、HMJAU-M3130、HMJAU-M3169、HMJAU-M3184、HMJAU-M3211、HMJAU-M3355、HMJAU-M3412、HMJAU-M3709、HMJAU-M3802、HMJAU-M3849、HMJAU-M3898、HMJAU-M3976、HMJAU-M4109、HMJAU-M4208、HMJAU-M4342、HMJAU-M4383。

5.66 草生发网菌 *Stemonitis herbatica* C. H. Peck

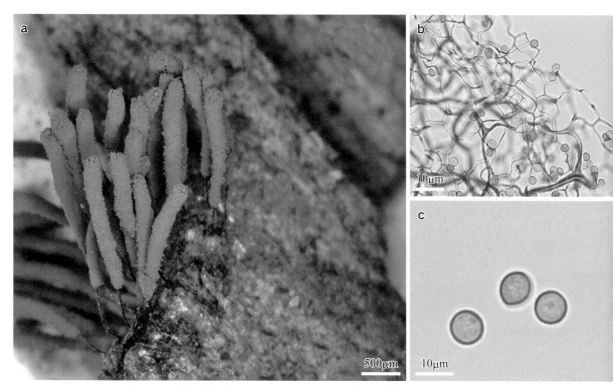

图5.66 草生发网菌 *Stemonitis herbatica* 的形态学特征

a. 孢子果　b. 孢丝表面网　c. 孢子

孢子果小簇丛生，常聚合成大群落，有柄，全高3～9mm；孢囊呈紫褐色至红褐色，圆柱形，顶端钝圆；柄短，0.8～2.0mm，黑褐色至黑色，基部稍扩大；基质层膜质，不很明显；囊轴向上渐细，有时不达囊顶；孢丝呈暗褐色，主枝较稀、较直，分枝联结较少，常有扩大膜质片，末梢分枝连接表面网；表面网色较浅，平整，孔小，规整成多角形，一般宽10～20μm；孢子成堆时呈暗紫褐色，光学显微镜下呈浅红褐色，球形或近球形，有微小疣点，直径7.0～8.5μm。

基物：腐木、落叶。

黑龙江小兴安岭：五大连池市、五营丰林生物圈自然保护区、汤旺河兴安石林森林公园（赵凤云等，2019）。

黑龙江大兴安岭：双河国家自然保护区。

内蒙古大兴安岭：海拉尔（朱鹤等，2013）。

标本号：HMJAU-M3126、HMJAU-M3384、HMJAU-M3407、HMJAU-M4350。

发网菌目Stemonitidales

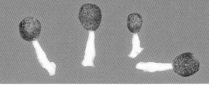

5.67 膜丝发网菌*Stemonitis marjana* Y. Yamam.

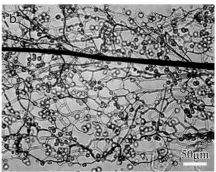
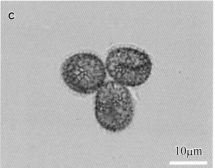

图5.67 膜丝发网菌*Stemonitis marjana*的形态学特征

a. 孢子果   b. 孢丝   c. 孢子

子实体为孢子果，成小簇，有柄，全高2～3mm；孢囊呈暗棕色，圆柱形，两端钝圆，暗黑色；柄近黑色，发亮，近全高的1/3；基质层膜质；有时会在孢囊底部残留1圈光滑的囊被；囊轴近黑色，接近囊顶；孢丝从囊轴伸出，孢丝线粗，光滑，交叉处有膜质扩大，分枝成内网；表面网为多角形，不规则，直径(10)20～50(～70)μm，末端松散；孢子成堆时呈红褐色或暗褐色，近球形或不规则，孢子表面有网纹，有刺孢子，直径9～12μm。

基物：树皮。

黑龙江小兴安岭：伊春市。

标本号：HMJAU-M3887。

5.68 灰褐发网菌 *Stemonitis pallida* H. Wingate

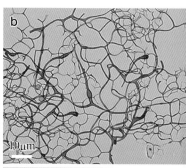
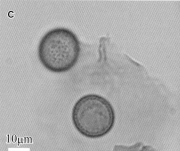

图5.68 灰褐发网菌 *Stemonitis pallida* 的形态学特征

a. 孢子果 b. 孢丝 c. 孢子

孢子果稀疏群生或成若干小丛，有柄，全高2～5mm；孢囊呈暗褐色，圆柱形，直立，顶端钝圆，孢子散出后呈浅灰褐色；柄黑色发亮，为全高的1/3或稍高些，着生在褐色的基质层上；囊轴上达囊顶；孢丝密，弯曲，分枝并联结成网，末端小分枝与表面网相连接；表面网色浅，网孔小，多角形，多数宽10～20μm，表面不平整，上部常不持久；孢子成堆时呈暗褐色，光学显微镜下呈浅紫灰色，球形或近球形，有微小疣点，直径6～8μm。

基物：腐木。

黑龙江小兴安岭：茅兰沟国家森林公园、五营丰林生物圈自然保护区。

内蒙古大兴安岭：兴安林场（陈双林等，1994）。

标本号：HMJAU-M3081、HMJAU-M3174。

发网菌目 Stemonitidales

5.69 亚小发网菌 *Stemonitis smithii* T. H. Macbr.

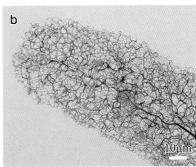

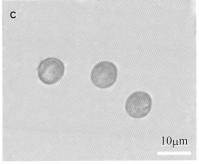

图5.69 亚小发网菌 *Stemonitis smithii* 的形态学特征

a. 孢子果 b. 孢丝 c. 孢子

孢子果成小丛密集，有柄，全高 5 ～ 7mm，着生在共同的膜质基质层上；孢囊近圆柱形，上下两端渐细，直立，浅桂皮褐色；柄漆黑发亮，约为全高的2/5；囊轴色深暗，向上渐细，顶端呈褐色，在顶端下面分散；孢丝细密，浅褐色，近表面分枝联结成网；表面网纤细，规整，网孔小，多角形，多数宽 5 ～ 20μm；孢子成堆时呈鲜红褐色，光学显微镜下呈淡褐色或近无色，近光滑，球形或近球形，直径 4.0 ～ 4.5μm。

基物：腐木。

黑龙江小兴安岭：五营丰林生物圈自然保护区、汤旺河兴安石林森林公园（赵凤云等，2019）。

内蒙古大兴安岭：摩天岭（陈双林等，1994；李玉等，2008b）、兴安林场（陈双林等，1994）、海拉尔（朱鹤等，2013）。

标本号：HMJAU-M3115、HMJAU-M4312、HMJAU-M4354、HMJAU-M4357。

发网菌目 Stemonitidales

5.70 美发网菌 *Stemonitis splendens* J. Rostaf.

图5.70 美发网菌*Stemonitis splendens*的形态学特征
a. 孢子果 b. 孢丝 c. 孢子

孢子果常密集丛生，形成大群落，有柄，有时互相粘连，近黑色，全高5～30mm；孢囊为细长圆柱形，顶端钝圆，短小的直立，细长的常弯俯或倒伏；柄呈黑色，光亮，高1～6mm；基质层发达，扩展成大片，有银光；囊轴上伸接近囊顶，尖端弯曲；孢丝稀疏，从囊轴伸出主枝较少，分枝联结少，内网稀，网眼大，小枝末梢与表面网相连；表面网平整光滑，网孔大小差异很大，网孔直径30～110μm，多角形；孢子成堆时呈紫黑褐色，光学显微镜下呈紫褐色，球形，密布细疣，直径7.5～9.5μm。

基物：枯木、落叶、腐木、树皮、苔藓。

黑龙江小兴安岭：爱辉区、茅兰沟国家森林公园、绥化森林公园、兴安森林公园、胜山国家自然保护区（赵凤云等，2019）、汤旺河兴安石林森林公园（赵凤云等，2019）。

黑龙江大兴安岭：栖霞山植物园、双河国家自然保护区。

内蒙古大兴安岭：额尔古纳国家自然保护区、红花尔基国家自然保护区、摩天岭（陈双林等，1994；李玉等，2008b）、海拉尔（朱鹤等，2013）。

标本号：HMJAU-M3172、HMJAU-M3182、HMJAU-M3199、HMJAU-M3201、HMJAU-M3207、HMJAU-M3236、HMJAU-M3261、HMJAU-M3315、HMJAU-M3398、HMJAU-M3400、HMJAU-M3401、HMJAU-M3666、HMJAU-M3713、HMJAU-M4214、HMJAU-M4224、HMJAU-M4318。

发网菌目Stemonitidales

 5.71 粉红被网菌 *Arcyodes incarnata* (I. B. Alb. & L. D. Schwein) O. F. Cook

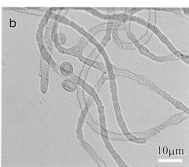
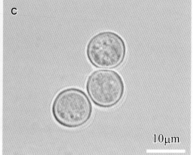

图5.71　粉红被网菌 *Arcyodes incarnata* 的形态学特征

a. 孢子果　b. 孢丝　c. 孢子

≡ *Licea incarnate* Alb. & Schwein., Consp. fung. lusat. 109 (1805)

≡ *Lycogala incarnatum* (Alb. & Schwein.) Sw., Kongl. Svenska Vetenskapsakad. Handl. ser. 3, 3:112 (1815)

≡ *Perichaena incarnate* (Alb. & Schwein.) Fr., Syst. mycol. 3(1):193 (1829)

≡ *Lachnobolus incarnates* (Alb. & Schwein.) J. Schröt., in Cohn, Krypt.-Fl. Schlesien 3(1):110 (1885)

孢子果密集群生，相互挤压，无柄；孢囊呈褐色，有光泽，直径0.4～0.6mm；囊被薄，膜质，不规则开裂，沿着开裂处向上呈黄色或黄褐色，内表面具许多突出的疣或低的不规则脊；基质层不明显；孢丝管状，有弹性，分枝为网状，浅黄色，直径多数4μm，具有多处膨大，有很多齿轮和不规则的边缘；孢子成堆时呈淡粉红色，光学显微镜下呈淡黄色或苍白色，直径7.0～8.5μm，近球形，光学显微镜下有密集的小疣，不明显。

基物：枯木、树皮。

黑龙江小兴安岭：汤旺河兴安石林森林公园（赵凤云等，2019）。

标本号：HMJAU-M4310。

5.72 环丝团网菌*Arcyria annulifera* G. Lister & C. Torrend

图5.72 环丝团网菌*Arcyria annulifera*的形态学特征

a. 孢子果 b. 孢丝 c. 孢子

孢子果密集群生或簇生，相互挤压，柄短；孢囊呈黄色或浅黄色，直径0.2～0.4mm；囊被早脱落，杯托不明显；基质层不明显或色浅；孢丝管状，有弹性，分枝为网状，浅黄色，直径多数4μm，具有少许膨大，有很多齿轮和不规则的边缘；孢子成堆时呈淡黄色，光学显微镜下呈淡黄色或浅色，直径6.0～7.5μm，近球形，光学显微镜下有密集的小疣或刺，不明显。

基物：枯木、树皮。

黑龙江小兴安岭：绥化森林公园、五大连池市。

黑龙江大兴安岭：双河国家自然保护区。

内蒙古大兴安岭：北山公园。

标本号：HMJAU-M3397、HMJAU-M3475、HMJAU-M4217、HMJAU-M4219。

团毛菌目Trichiales

5.73 灰团网菌 *Arcyria cinerea* (J. B. F. Bull.) C. H. Pers.

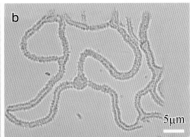
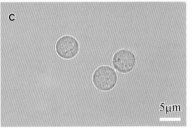

图5.73 灰团网菌 *Arcyria cinerea* 的形态学特征
a. 孢子果 b. 孢丝 c. 孢子

≡ *Stemonitis cinerea* (Bull.) J.F. Gmel., Syst. nat., ed. 13, 2(2):1467 (1792)

孢子果散生或密集群生，有时柄相融联成束，全高1～4mm；孢囊为长棒状，近圆柱形或卵圆形，有时近球形，浅灰色、灰色或黄绿色；柄细，孢囊同色或近黑色，内含圆胞；囊被早脱落；杯托小，与孢囊同色或色略深，外侧有槽，内侧有微小突起；基质层膜质成片；孢丝与孢囊同色，连着牢固，网线密，密布钝刺，有时有宽齿，直径3～5μm，有小刺；孢子成堆，与孢囊同色，光学显微镜下近无色，球形，直径6.5～7.5μm。

基物：枯木、腐木、树皮、枯枝、落叶、苔藓、大型菌。

黑龙江小兴安岭：瑷珲国家森林公园、大亮子河国家森林公园、茅兰沟国家森林公园、上甘岭溪水国家森林公园、四丰山、五营丰林生物圈自然保护区、凉水国家自然保护区（王琦等，1994；赵凤云等，2021）、药泉山（李玉等，2008a）、胜山国家自然保护区（赵凤云等，2019）、汤旺河兴安石林森林公园（赵凤云等，2019）。

黑龙江大兴安岭：呼中国家自然保护区、栖霞山植物园、双河国家自然保护区。

内蒙古大兴安岭：额尔古纳国家自然保护区、汗马国家自然保护区、根河（陈双林等，1994；李玉等，2008a）、摩天岭（陈双林等，1994；李玉等，2008a）、兴安林场（陈双林等，1994）、海拉尔（朱鹤等，2013）。

标本号：HMJAU-M3011、HMJAU-M3198、HMJAU-M3219、HMJAU-M3225、HMJAU-M3488、HMJAU-M3860、HMJAU-M3912、HMJAU-M4144、HMJAU-M4215、HMJAU-M4250、HMJAU-M4362、HMJAU-M4384。

团毛菌目Trichiales

5.74 暗红团网菌Arcyria denudata (L.) R. von Wettst.

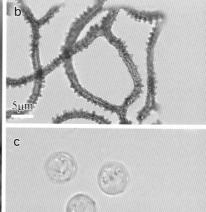

图5.74 暗红团网菌Arcyria denudata 的形态学特征

a. 孢子果　b. 孢丝　c. 孢子

≡ *Trichia denudate* (L.) Vill., Hist. pl. Dauphiné 3(2):1060 (1789)

≡ *Stemonitis denudate* (L.) Relhan, Fl. cantab. ed. tertia, 574 (1820)

≡ *Clathroides denudatum* (L.) E. Sheld., Minnesota Bot. Stud. 1:465 (1895)

子实体为孢子果，密集群生有柄2～3mm；孢囊卵圆形，向上渐细，砖红色，后变为红褐色，高1.5～6.0mm，宽0.5～1.0mm；囊被早脱落，杯托深杯状，有褶皱，内侧有细网纹及少量小刺；柄与孢囊相接处呈深玫瑰红色，有槽，高0.5～1.5mm，内含圆胞；基质层不明显；孢丝与杯托连着牢固，直立，有弹性，红褐色或暗黄色，网线直径3.0～4.5μm，有宽齿或刺，以螺旋方式排列，基部孢丝近光滑；孢子成堆时呈红褐色，光学显微镜下呈无色至淡红色，球形，直径7.0～8.5μm，近光滑，有少数散生的疣。

基物：腐木、树皮。

黑龙江小兴安岭：大亮子河国家森林公园、茅兰沟国家森林公园、绥化森林公园、孙吴县、逊别拉河自然保护区、凉水国家自然保护区（王琦等，1994；赵凤云等，2021）。

内蒙古大兴安岭：根河（陈双林等，1994；李玉等，2008a）、摩天岭（陈双林等，1994；李玉等，2008a）、伊尔斯（陈双林等，1994；李玉等，2008a）、海拉尔（朱鹤等，2013）。

标本号：HMJAU-M3041、HMJAU-M3062、HMJAU-M3116、HMJAU-M3196、HMJAU-M3208、HMJAU-M3747、HMJAU-M3774、HMJAU-M3775、HMJAU-M3781、HMJAU-M3882、HMJAU-M3899、HMJAU-M3904、HMJAU-M3911、HMJAU-M4188。

团毛菌目 Trichiales

5.75　锈色团网菌*Arcyria ferruginea* A. E. Saut.

图5.75　锈色团网菌*Arcyria ferruginea* 的形态学特征

a. 孢子果　b. 孢丝　c. 孢子

孢子果密集群生，有柄，全高1～2mm；孢囊呈暗橙色至砖红色或红褐色，有时褪为黄褐色，短圆柱形或近卵圆形，高0.9～1.5mm，宽0.5～0.7mm；囊被早脱落，留下同色膜质杯托，浅杯状或近碟状，有不明显的皱纹，内侧有细网纹；柄短，高0.2～0.4mm，暗橙色至砖红色或红褐色或稍暗；基质层膜质、片状；孢丝网体连着杯托不多，易脱落，暗橙色至砖红色或红褐色，网线直径4～5μm，有膨大处直径可达10μm，由刺、窄的脊条、疣及较突起的网纹组成较密的纹饰；孢子成堆时呈红褐色，光学显微镜下呈淡黄色，球形，直径9.0～11.5μm，电子显微镜下可见密布的小疣。

基物：腐木、树皮。

黑龙江小兴安岭：逊河沿岸、胜山国家自然保护区（赵凤云等，2019）。

黑龙江大兴安岭：呼中国家自然保护区。

内蒙古大兴安岭：摩天岭（陈双林等，1994；李玉等，2008a）。

标本号：HMJAU-M3235、HMJAU-M3369、HMJAU-M3536、HMJAU-M4056。

5.76 瑞士团网菌*Arcyria helvetica* (C. Meyl.) H. Neubert, W. Nowotny & K. Baumann

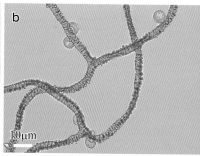
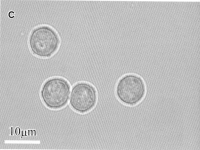

图5.76 瑞士团网菌*Arcyria helvetica*的形态学特征

a. 孢子果 b. 孢丝 c. 孢子

≡ *Arcyria incarnate* var. *helvetica* Meyl., Bull. Soc. Vaud. Sci. Nat. 46:55 (1910)

≡ *Arcyria adnata* var. *helvetica* (Meyl.) Sacc. & Trotter, in Saccardo, Syll. fung. 22:811 (1913)

孢子果成小簇密集群生，同时有分散的孢子果，全高2.0～2.5mm；孢囊宽卵形，上宽下略窄，藤红色，发亮，直径0.8～1.0mm；基质层呈暗褐色；有柄，高0.5～1.0mm，暗红色，呈纵向折扇；囊被呈藤红色，上部颜色略浅，下部形成一个明亮的红色，漏斗状到其边缘附着在上部的薄片上，开裂不规则；孢丝呈鲜藤红色，只在茎尖上稍膨大，容易分离，直径3～4μm，有环或半环；孢子成堆时呈藤红色，光学显微镜下几乎无色，几乎平滑，有时散布大的疣群，直径7～8μm。

基物：腐木、树皮。

黑龙江小兴安岭：乌伊岭国家自然保护区、五营丰林生物圈自然保护区、胜山国家自然保护区（赵凤云等，2019）、汤旺河兴安石林森林公园（赵凤云等，2019）。

黑龙江大兴安岭：漠河市。

内蒙古大兴安岭：摩天岭（陈双林等，1994）、兴安林场（陈双林等，1994）。

标本号：HMJAU-M3103、HMJAU-M3132、HMJAU-M3260、HMJAU-M3938、HMJAU-M4022、HMJAU-M4326、HMJAU-M4336、HMJAU-M4355。

団毛菌目 Trichiales

5.77 鲜红团网菌*Arcyria insignis* K. Kalchbr. & M. C. Cooke

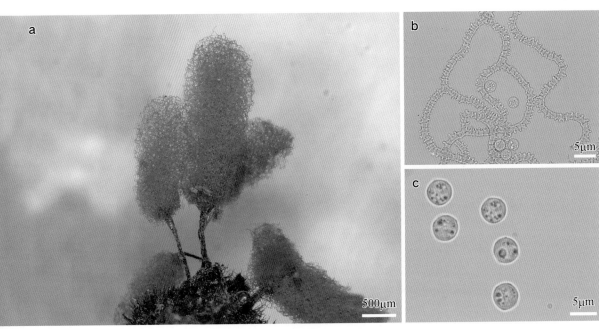

图5.77 鲜红团网菌*Arcyria insignis*的形态学特征

a. 孢子果　b. 孢丝　c. 孢子

≡ *Clathroides insigne* (Kalchbr. & Cooke) E. Sheld., Minnesota Bot. Stud. 1:466 (1895)

孢子果密集群生或单散生，有柄，全高2.5～3.0mm；孢囊褪为淡褐黄色，圆柱形或卵圆形，上部略细；囊被上部早脱落或部分留存，肉色；杯托有皱褶，内侧有疣突及不明显网纹；柄短，高0.2～0.4mm，带红色，内含圆胞；基质层不明显；孢丝网体与杯托连着牢固，不易脱落，密，肉色，线细，直径2～3μm，纹饰以刺为主，伴有少量横脊条，刺基部有不明显的细线条延伸，但不形成网纹，有少数球形散头；孢子成堆时呈粉红色，光学显微镜下呈无色，球形，直径6～8μm。

基物：腐木、树皮。

黑龙江小兴安岭：茅兰沟国家森林公园、伊春市、凉水国家自然保护区（赵凤云等，2021）。

内蒙古大兴安岭：根河（陈双林等，1994；李玉等，2008a）、海拉尔（朱鹤等，2013）。

标本号：HMJAU-M3560、HMJAU-M3565、HMJAU-M3888、HMJAU-M3914、HMJAU-M3917、HMJAU-M3985。

团毛菌目 Trichiales

5.78 大团网菌 *Arcyria major* (G. Lister) B. Ing

图5.78 大团网菌 *Arcyria major* 的形态学特征

a. 孢子果 b. 孢丝 c. 孢子

≡ *Arcyria insignis* var. *major* G. Lister, in Lister, Monogr. mycetozoa, ed. 3, 236 (1925).

孢子果密集群生，群体较大，宽可达5cm，有柄；孢囊为圆柱状，直立，高0.6cm，宽0.8～1.0mm，伸展后可达5mm，深红色，老熟时呈橙红色或暗红色；囊被早脱落；杯托浅，与孢囊同色，有槽，较小，内表面有不明显的网纹；柄短，最长可达0.8mm，暗褐色或近黑色，内含圆胞；基质层不明显；孢丝网体牢固连着杯托上，不易脱落，网体有弹性，网孔小，暗褐色或近黑色，直径3～5μm，连同纹饰可达6μm，平行的脊、脊突排列成疏松螺旋状；孢子成堆时呈鲜深红色，光学显微镜下呈淡褐色，球形，直径7～9μm。

基物：腐木、树皮。

黑龙江小兴安岭：胜山国家自然保护区（赵凤云等，2019）、凉水国家自然保护区（赵凤云等，2021）。

标本号：HMJAU-M3411、HMJAU-M4156。

5.79 小红团网菌 *Arcyria minuta* S. Buchet

图5.79 小红团网菌 *Arcyria minuta* 的形态学特征

a. 孢子果 　b. 孢丝 　c. 孢子

团毛菌目 Trichiales

孢子果密集，有柄；孢囊为圆柱状，高约2mm，宽0.3～0.5mm，伸展后可达5～8mm，匍匐，黄褐色；囊被早脱落，杯托浅，黄色，膜质，内表面有细刺和明显网纹；柄短或几乎无，而基部收缩；基质层膜质状；孢丝网体与杯托连着不牢固，易脱落，黄色，弹性强，直径3～4μm，连同纹饰可达7μm，有大刺及小刺，其间有不规则连线，分枝连接处为近三角形膨大；孢子成堆时呈黄褐色，光学显微镜下近无色，球形，直径7～8μm。

基物：腐木、树皮。

黑龙江小兴安岭：孙吴县。

黑龙江大兴安岭：双河国家自然保护区。

内蒙古大兴安岭：海拉尔（朱鹤等，2013）。

标本号：HMJAU-M3320、HMJAU-M3793。

5.80 黄垂网菌*Arcyria obvelata* (G. C. Oeder) P. Onsberg

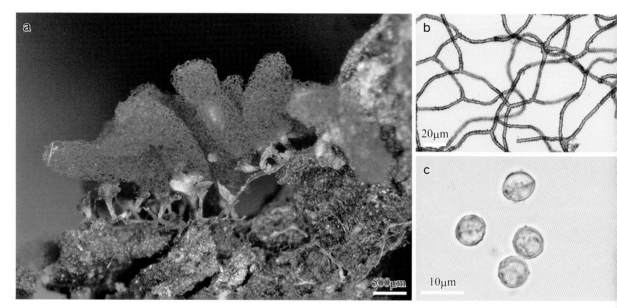

图5.80 黄垂网菌*Arcyria obvelata*的形态学特征

a. 孢子果 b. 孢丝 c. 孢子

≡ *Embolus obvelatus* Oeder, Fl. dan. 3(9):7, tab. 536 (1770)

孢子果密集，有柄；孢囊为圆柱状，高约1.5mm，宽0.3 ～ 0.5mm，伸展后可达5 ～ 8mm，匍匐，起初呈鲜黄色，后变浅赭色或黄褐色；囊被早脱落，杯托浅，黄色，膜质，内表面有细刺和明显网纹；柄短，而基部收缩；基质层膜质状；孢丝网体与杯托连着不牢固，易脱落，黄色，弹性强，直径3 ～ 4μm，连同纹饰可达6μm，有大刺及小刺，其间有不规则连线，分枝连接处为近三角形膨大；孢子成堆时近黄色，光学显微镜下近无色，球形，直径7 ～ 8μm，电子显微镜下可见小而密的疣。

基物：腐木、枯木、树皮、大型真菌。

黑龙江小兴安岭：上甘岭溪水国家森林公园、孙吴县、凉水国家自然保护区（王琦等，1994）。

黑龙江大兴安岭：北山公园、呼中国家自然保护区、漠河市。

内蒙古大兴安岭：摩天岭（陈双林等，1994；李玉等，2008a）、海拉尔（朱鹤等，2013）。

标本号：HMJAU-M3432、HMJAU-M3468、HMJAU-M3663、HMJAU-M3779、HMJAU-M3798、HMJAU-M4016、HMJAU-M4375。

団毛菌目Trichiales

5.81 暗红垂网菌 *Arcyria oerstedii* J. Rostaf.

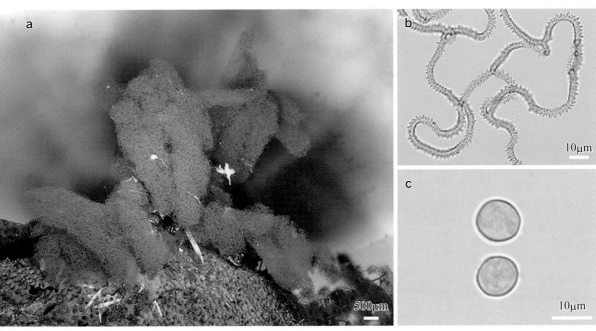

图5.81 暗红垂网菌 *Arcyria oerstedii* 的形态学特征
a. 孢子果 b. 孢丝 c. 孢子

孢子果群生，有柄；孢囊为圆柱形，高1.5～2.5mm，伸展后可达4～11mm，宽1.0～1.5mm，暗红色至红褐色，有时褪为褐色；囊被脱落后有少数小片附着在孢丝上；杯托倒圆锥形，色泽较浅，有皱纹，内表面有刺及不明显网纹；柄近黑色，高0.7～0.9mm，充满圆胞；基质层扩展，膜质；孢丝网体与杯托连着少，易脱落，暗红色至红褐色，疏松，弹性强，直径3.0～5.5μm，密布粗大的刺或齿，最长可达3μm，同时有横脊平行排列，脊间有垂直存在的细网纹；孢子成堆时呈暗红色至红褐色，光学显微镜下呈浅黄色，球形，直径6～8μm，电子显微镜下可见细刺及少数散疣。

基物：腐木。

黑龙江小兴安岭：凉水国家自然保护区（赵凤云等，2021）。

标本号：HMJAU-M4143。

团毛菌目 Trichiales

104

5.82　朦纹团网菌Arcyria stipata (L. D. Schwein.) A. Lister

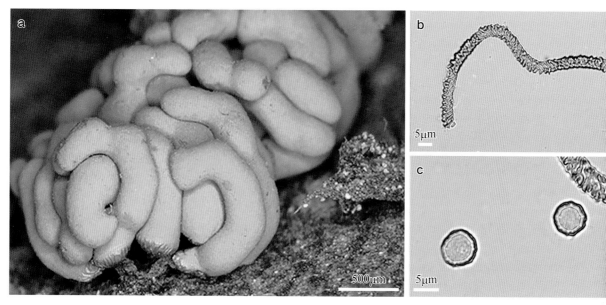

图5.82　朦纹团网菌Arcyria stipata 的形态学特征

a. 孢子果　b. 孢丝　c. 孢子

≡ *Leangium stipatum* Schwein., Trans. Amer. Philos. Soc., new ser. 4(2):258 (1832)

≡ *Hemiarcyria stipata* (Schwein.) Rostaf., Sluzowce monogr. suppl. 41 (1876)

≡ *Hemitrichia stipata* (Schwein.) T. Macbr., N. Amer. Slime-molds, ed. 1, 204 (1899)

孢子果密集群生，群体较大，可达几十个孢子果，无柄而堆叠；孢囊为近圆柱形，囊被常融联而形成假复囊体，高1～2mm，宽0.4～0.6mm；囊被呈深赭色，有金属光泽，融联时囊被持久，成瓣片连着较牢固，有时脱落；孢丝呈深赭色，稍有弹性，疏松，直径3.5～5.5μm，粗细不均，连同纹带上均有齿突及刺，并呈螺旋方式排列，螺纹带不规整；孢子成堆时呈浅红褐色，光学显微镜下呈淡褐色，球形，直径7～8μm。

基物：腐木、树皮。

黑龙江小兴安岭：瑷珲国家森林公园、上甘岭溪水国家森林公园、伊春市、胜山国家自然保护区（赵凤云等，2019）、凉水国家自然保护区（赵凤云等，2021）。

黑龙江大兴安岭：呼中国家自然保护区、双河国家自然保护区。

内蒙古大兴安岭：额尔古纳国家自然保护区、根河（陈双林等，1994）。

标本号：HMJAU-M3217、HMJAU-M3307、HMJAU-M3319、HMJAU-M3334、HMJAU-M3350、HMJAU-M3409、HMJAU-M3518、HMJAU-M3582、HMJAU-M3669、HMJAU-M4003、HMJAU-M4057、HMJAU-M4102、HMJAU-M4301、HMJAU-M4374。

团毛菌目Trichiales

5.83 细柄半网菌 *Hemitrichia calyculata* (C. Speg.) M. L. Farr

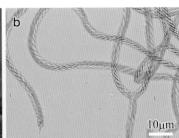
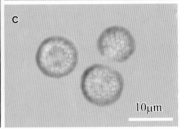

图 5.83　细柄半网菌 *Hemitrichia calyculata* 的形态学特征

a. 孢子果　b. 孢丝　c. 孢子

≡ *Hemiarcyria calyculata* Speg., Anales Soc. Ci. Argent. 10:152 (1880)

≡ *Hyporhamma calyculatum* (Speg.) Lado, Cuad. Trab. Fl. Micol. Iber. 16:47 (2001)

孢子果散生，有柄，全高可达 1.5 ~ 2.5mm；孢囊为陀螺形，直径 0.6 ~ 0.8mm，黄褐色；囊被膜质，薄，上部开裂，下部留存为杯托；柄细，均匀，与孢囊有明显界线，暗褐色，高 1 ~ 2mm；基质层膜质，暗红褐色；孢丝成堆时呈黄色，较密，有弹性，螺纹带 4 ~ 5 条，规整，带上有密短绒毛，直径 4.5 ~ 5.0μm，散头较少，钝圆，偶有尖端，光滑；孢子为球形，成堆时呈黄色，有细网纹，直径 6.5 ~ 7.0μm，光学显微镜下呈黄色。

基物：腐木、树皮。

黑龙江小兴安岭：大亮子河国家森林公园、茅兰沟国家森林公园、上甘岭溪水国家森林公园、孙吴县、五营丰林生物圈自然保护区、凉水国家自然保护区（王琦等，1994；赵凤云等，2021）、药泉山（李玉等，2008a）、胜山国家自然保护区（赵凤云等，2019）、汤旺河兴安石林森林公园（赵凤云等，2019）。

内蒙古大兴安岭：额尔古纳国家自然保护区。

标本号：HMJAU-M3024、HMJAU-M3048、HMJAU-M3066、HMJAU-M3111、HMJAU-M3181、HMJAU-M3480、HMJAU-M3503、HMJAU-M3514、HMJAU-M3545、HMJAU-M3586、HMJAU-M3674、HMJAU-M3773、HMJAU-M3853、HMJAU-M3867、HMJAU-M3878、HMJAU-M3918、HMJAU-M3925、HMJAU-M3962、HMJAU-M3971、HMJAU-M4123、HMJAU-M4240、HMJAU-M4267、HMJAU-M4346、HMJAU-M4365。

团毛菌目 Trichiales

5.84 棒形半网菌Hemitrichia clavata (C. H. Pers.) J. Rostaf.

图5.84 棒形半网菌Hemitrichia clavata 的形态学特征

a. 孢子果 　b. 孢丝 　c. 孢子

≡ *Trichia clavata* Pers., Neues Mag. Bot. 1:90 (1794)

≡ *Hemiarcyria clavata* (Pers.) Rostaf., Sluzowce monogr. 264 (1875)

≡ *Arcyria clavata* (Pers.) Massee, Monogr. Myxogastr. 165 (1892)

孢子果密集群生，少数散生，有柄，有时近无柄，全高可达3mm；孢囊为梨形，鲜黄色，有晕光；囊被膜质，薄，有光泽，上部开裂，留下一半或较高的杯托，内侧有小乳突，之间有联结；柄较短、粗，向上连到囊基；基质层薄，暗褐色；孢丝成堆时呈黄色，孢丝丰富，有弹性的网体，螺纹带4～6条，规整，带上有短、稀绒毛，直径4.0～4.5μm，散头极少，钝圆形膨大并带有尖突，淡黄色；孢子为球形，成堆时呈黄色，有完整细网纹，光学显微镜下呈浅黄色，直径9.0～10.5μm。

基物：腐木、树皮。

黑龙江小兴安岭：茅兰沟国家森林公园、五营丰林生物圈自然保护区、凉水国家自然保护区（王琦等，1994；赵凤云等，2021）、胜山国家自然保护区（赵凤云等，2019）、汤旺河兴安石林森林公园（赵凤云等，2019）。

黑龙江大兴安岭：呼中国家自然保护区、双河国家自然保护区。

内蒙古大兴安岭：汗马国家自然保护区、根河（陈双林等，1994）、摩天岭（陈双林等，1994；李玉等，2008a）、五叉沟（陈双林等，1994；李玉等，2008a）、海拉尔（朱鹤等，2013）。

标本号：HMJAU-M3022、HMJAU-M3056、HMJAU-M3095、HMJAU-M3102、HMJAU-M3178、HMJAU-M3362、HMJAU-M3481、HMJAU-M3649、HMJAU-M3905、HMJAU-M4033、HMJAU-M4105、HMJAU-M4329。

团毛菌目Trichiales

5.85 蛇形半网菌 *Hemitrichia serpula* (J. A. Scop.) J. Rostaf.

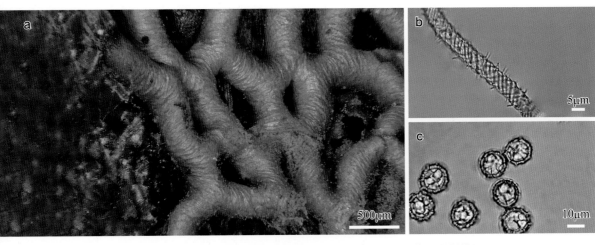

图5.85 蛇形半网菌 *Hemitrichia serpula* 的形态学特征

a. 联囊体 b. 孢丝 c. 孢子

≡ *Trichia serpula* (Scop.) Pers., Neues Mag. Bot. 1:90 (1794)

≡ *Hemiarcyria serpula* (Scop.) Rostaf., Sluzowce monogr. 266 (1875)

≡ *Arcyria serpula* (Scop.) Massee, Monogr. Myxogastr. 164 (1892)

子实体为联囊体，扩展成网状，宽数厘米，鲜黄色；囊被膜质，内表面有密条纹及稀疏长刺，透明；基质层不发达；孢丝一团黄色长线，分枝少，仅下部连着囊基，其他游离，直径5～8μm，有长刺，长2～3μm，散头少，淡黄色，螺纹3～4条；孢子为近球形，成堆时呈金黄色，光学显微镜下有稀疏网纹，浅黄色，直径11～13μm。

基物：腐木、树皮、枯枝、落叶。

黑龙江小兴安岭：爱辉区、大亮子河国家森林公园、茅兰沟国家森林公园、上甘岭溪水国家森林公园、孙吴县、五大连池国家自然保护区、五营丰林生物圈自然保护区、逊河沿岸、伊春市、凉水国家自然保护区（王琦等，1994；赵凤云等，2021）、胜山国家自然保护区（赵凤云等，2019）、汤旺河兴安石林森林公园（赵凤云等，2019）。

黑龙江大兴安岭：双河国家自然保护区。

内蒙古大兴安岭：海拉尔（朱鹤等，2013）。

标本号：HMJAU-M3027、HMJAU-M3077、HMJAU-M3163、HMJAU-M3177、HMJAU-M3229、HMJAU-M3241、HMJAU-M3305、HMJAU-M3364、HMJAU-M3372、HMJAU-M3493、HMJAU-M3538、HMJAU-M3788、HMJAU-M3797、HMJAU-M3809、HMJAU-M3886、HMJAU-M3924、HMJAU-M3989、HMJAU-M4101、HMJAU-M4251、HMJAU-M4330、HMJAU-M4378。

团毛菌目 Trichiales

5.86　暗红变毛菌Metatrichia vesparium (A. J. G. C. Batsch) N. E. Nann. -Bremek. ex G. W. Martin & C. J. Alexop.

图5.86　暗红变毛菌Metatrichia vesparium形态学特征

a. 孢子果　b. 孢丝　c. 孢子

≡ *Hemiarcyria vesparia* (Batsch) E. Sheld., Minnesota Bot. Stud. 1:472 (1895)

≡ *Hemitrichia vesparia* (Batsch) T. Macbr., N. Amer. Slime-molds, ed. 1, 203 (1899)

孢子果密丛生，有柄，或近似假复囊体，全高可达3mm以上；孢囊为倒卵圆形至长卵圆形，直径0.4～0.8mm，高1～2mm，暗红褐色，有金属光泽；囊被软骨质具肋，沿预成的圆拱状盖开裂，下部留存为深杯托；柄常融联成束，砖红色，有沟槽；基质层呈红褐色，扩展成片；弹丝极长，很少分枝，螺纹带3～4条，较规整，有许多1～5μm的长刺；孢子成堆时呈褐红色，光学显微镜下呈褐色，近球形，直径8～12μm，有疣。

基物：腐木、树皮、木耳。

黑龙江小兴安岭：茅兰沟国家森林公园、上甘岭溪水国家森林公园、五大连池市、五营丰林生物圈自然保护区、逊别拉河自然保护区、药泉山（陈双林等，1994；李玉等，2008a）、胜山国家自然保护区（赵凤云等，2019）、汤旺河兴安石林森林公园（赵凤云等，2019）、凉水国家自然保护区（赵凤云等，2021）。

黑龙江大兴安岭：双河国家自然保护区。

内蒙古大兴安岭：赛罕乌拉国家自然保护区、根河（陈双林等，1994）、摩天岭（李玉等，2008a）、兴安林场、伊尔施（陈双林等，1994）。

标本号：HMJAU-M3098、HMJAU-M3230、HMJAU-M3244、HMJAU-M3251、HMJAU-M3264、HMJAU-M3326、HMJAU-M3354、HMJAU-M3406、HMJAU-M3611、HMJAU-M4076、HMJAU-M4210、HMJAU-M4372。

团毛菌目Trichiales

5.87 盖碗菌 *Perichaena corticalis* (A. J. G. C. Batsch) J. Rostaf.

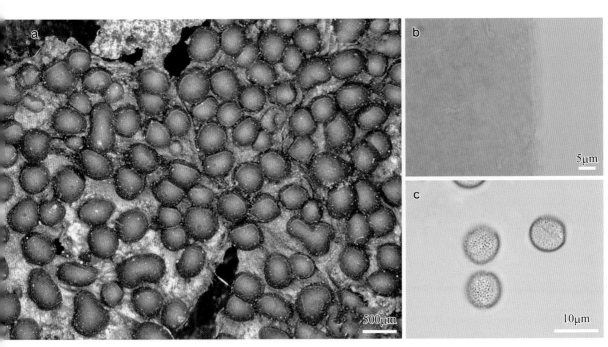

图 5.87 盖碗菌 *Perichaena corticalis* 形态学特征

a. 孢子果　b. 囊被　c. 孢子

≡ *Lycoperdon corticale* Batsch, Elench. fung. 155 (1783)

孢子果密集成小群或散生，无柄；孢囊为球形或近球形，直径 0.5 ~ 0.8mm，有时呈短环状联囊体，红褐色；基质层为片状；囊被软骨质，双层不易分开，外层不规则突起，色深；内层膜质，黄色；近盖状开裂，不规整；孢丝成堆时呈黄色；孢丝一般稀少，有时缺，简单或分枝，不规则，连着囊被；孢子成堆时呈黄色，近球形，均布钉状或柱状疣，直径 10 ~ 13μm。

基物：树皮。

黑龙江小兴安岭：瑷珲国家森林公园。

黑龙江大兴安岭：漠河市。

标本号：HMJAU-M3213、HMJAU-M4007。

团毛菌目 Trichiales

5.88 光丝团毛菌 *Trichia affinis* A. de Bary

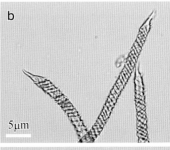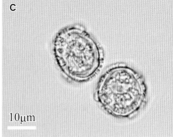

图5.88 光丝团毛菌 *Trichia affinis* 的形态学特征

a. 孢子果 b. 孢丝 c. 孢子

孢子果无柄，相互挤压变形或亚球形，全高0.5～1.0mm，密集群生，黄色或金黄色；基质层膜质，成片；囊被薄，膜质，有光泽，有褶皱不光滑；孢丝呈黄色，直径4～5μm，4～5条螺纹带，末端有短尖端；孢子成堆时呈橙黄色，光学显微镜下呈浅黄色，直径13～15μm，其上有宽脊形成的不规则网纹。

基物：腐木、树皮。

黑龙江小兴安岭：爱辉区、五营丰林生物圈自然保护区、茅兰沟国家森林公园、上甘岭溪水国家森林公园、五大连池市、逊别拉河自然保护区、逊河沿岸、伊春市、胜山国家自然保护区（赵凤云等，2019）、汤旺河兴安石林森林公园（赵凤云等，2019）、凉水国家自然保护区（赵凤云等，2021）。

黑龙江大兴安岭：呼中国家自然保护区、双河国家自然保护区。

内蒙古大兴安岭：汗马国家自然保护区、赛罕乌拉国家自然保护区。

标本号：HMJAU-M3059、HMJAU-M3082、HMJAU-M3105、HMJAU-M3167、HMJAU-M3249、HMJAU-M3266、HMJAU-M3303、HMJAU-M3500、HMJAU-M3585、HMJAU-M3864、HMJAU-M3988、HMJAU-M4030、HMJAU-M4034、HMJAU-M4074、HMJAU-M4092、HMJAU-M4099、HMJAU-M4100、HMJAU-M4103、HMJAU-M4281、HMJAU-M4331、HMJAU-M4376。

团毛菌目 Trichiales

 5.89 栗褐团毛菌*Trichia botrytis* (J. F. Gmel.) C. H. Pers.

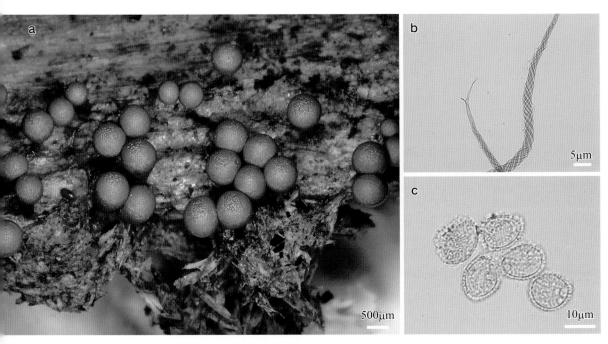

图5.89 栗褐团毛菌*Trichia botrytis*的形态学特征

a. 孢子果 b. 孢丝 c. 孢子

≡ *Stemonitis botrytis* J.F. Gmel., Syst. nat., ed. 13, 2(2):1468 (1792)

≡ *Trichia fragilis* var. *botrytis* (J.F. Gmel.) Berl., in Saccardo, Syll. fung. 7:441 (1888)

孢子果散生，有柄，全高1.0 ～ 1.5mm；孢囊呈栗褐色，倒梨形，直径0.5 ～ 1.0mm；柄短，柱形，粗壮，尤其下部增粗，高0.3mm，暗栗褐色；无基质层；孢丝成堆时呈污赭褐色，直径3 ～ 5μm，极少分枝，两端渐细，末端细长，偶有分叉，螺纹带4 ～ 5条，略成脊状，规整，光滑；孢子成堆时呈暗黄色，近球形，有不规整密疣，直径10 ～ 13μm。

基物：腐木。

黑龙江小兴安岭：茅兰沟国家森林公园、汤旺河兴安石林森林公园（赵凤云等，2019）。

内蒙古大兴安岭：摩天岭（陈双林等，1994；李玉等，2008a）。

标本号：HMJAU-M3192、HMJAU-M4327。

5.90 朦纹团毛菌 *Trichia contorta* (L. P. F. Ditmar) J. Rostaf.

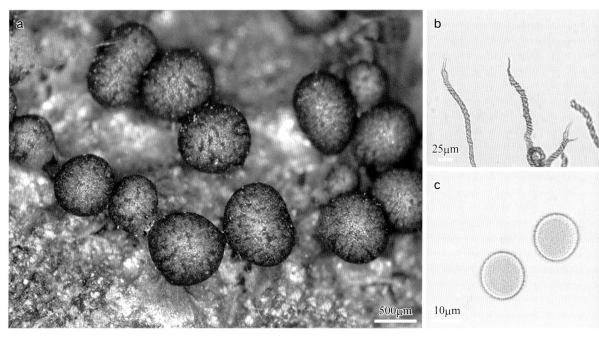

图5.90 朦纹团毛菌 *Trichia contorta* 的形态学特征

a. 孢子果 b. 孢丝 c. 孢子

≡ *Lycogala contortum* Ditmar, in Sturm, Deutschl. Fl., Abt. 3, Die Pilze Deutschlands 1(1):9 (1813)

≡ *Perichaena contorta* (Ditmar) Fr., Syst. mycol. 3(1):192 (1829)

≡ *Licea contorta* (Ditmar) Wallr., Fl. crypt. Germ. 2:345 (1833)

≡ *Hemitrichia contorta* (Ditmar) Rostaf., in Fuckel, Jahrb. Nassauischen Vereins Naturk. 27-28:75 (1873)

孢子果密群生，无柄；孢囊呈暗黄褐色，近球形，直径0.5～1.0mm；囊被膜质，内表面有不明显突起；基质层不明显；孢丝成堆时呈赭色，长8～10μm，不分枝或分枝，末端膨大后骤细，尖短，螺纹带4～5条，多数不规整；孢子成堆时呈赭色，近球形，疣间有连线，光学显微镜下呈淡黄色，直径10～14μm。

基物：腐木、树皮。

黑龙江大兴安岭：呼中国家自然保护区、漠河市。

内蒙古大兴安岭：根河（陈双林等，1994；李玉等，2008a）。

标本号：HMJAU-M4031、HMJAU-M4037。

5.91 长尖团毛菌 *Trichia decipiens* (C. H. Pers.) T. H. Macbr.

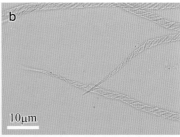

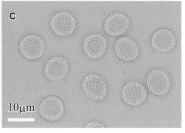

图5.91 长尖团毛菌 *Trichia decipiens* 的形态学特征

a. 孢子果 b. 孢丝 c. 孢子

≡ *Arcyria decipiens* Pers., Ann. Bot. (Usteri) 15:35 (1795)

孢子果群生，有柄，全高 1 ~ 2mm；孢囊呈黄绿色，有光泽，梨形，开裂前宽 0.3 ~ 0.5mm，高 0.8 ~ 1.0mm；柄为圆柱形，有槽，暗褐色，有褶皱，上部开裂，不规整的杯托；基质层无或不明显；孢丝成堆时呈青黄褐色，直径 4 ~ 5μm，不分枝或少分枝，两端渐细，末梢细长，尖端 60 ~ 70μm，螺纹带（3 ~）4 ~ 5条，规整，光滑，中部略粗，螺纹带延伸近末梢，淡黄色；孢子成堆时呈青黄褐色，近球形，淡黄色，有细网纹，直径 12 ~ 14μm。

基物：落叶、枯木、枯枝、腐木、树皮。

黑龙江小兴安岭：爱辉区、大亮子河国家森林公园、茅兰沟国家森林公园、四丰山、孙吴县、伊春市、凉水国家自然保护区（王琦等，1994；赵凤云等，2021）、汤旺河兴安石林森林公园（赵凤云等，2019）。

黑龙江大兴安岭：呼中国家自然保护区、漠河市。

内蒙古大兴安岭：汗马国家自然保护区、根河（陈双林等，1994）、摩天岭（陈双林等，1994；李玉等，2008a）。

标本号：HMJAU-M3013、HMJAU-M3032、HMJAU-M3080、HMJAU-M3150、HMJAU-M3176、HMJAU-M3185、HMJAU-M3237、HMJAU-M3410、HMJAU-M3489、HMJAU-M3509、HMJAU-M3591、HMJAU-M3634、HMJAU-M3790、HMJAU-M3885、HMJAU-M4241、HMJAU-M4279、HMJAU-M4317。

5.92 长尖团毛菌欧氏变型*Trichia decipiens* f. *olivacea* (C. Meyl.) Y. Yamam.

图5.92 长尖团毛菌欧氏变型*Trichia decipiens* f. *olivacea*的形态学特征

a. 孢子果　b. 孢丝　c. 孢子

孢子果群生，有柄，全高0.5 ～ 1.0mm；孢囊呈褐色，有光泽，梨形，宽0.1 ～ 0.3mm，高0.3 ～ 0.5mm；柄短有槽，暗褐色，有褶皱；基质层无或不明显；孢丝成堆时呈青黄褐色，直径4 ～ 5μm，多分枝，两端渐细，末梢细长，尖端30 ～ 50μm，螺纹带少，规整，光滑，中部略粗，螺纹带延伸近末梢，浅黄色；孢子成堆时呈黄褐色，近球形，淡黄色，有细网纹，直径12 ～ 14μm。

基物：腐木。

黑龙江小兴安岭：茅兰沟国家森林公园。

标本号：HMJAU-M3187。

5.93 网孢团毛菌 *Trichia favoginea* (A. J. G. C. Batsch) C. H. Pers.

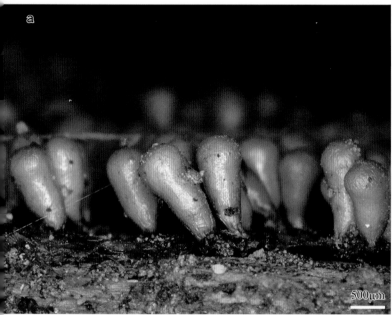

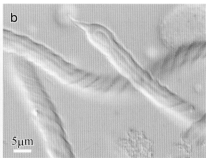

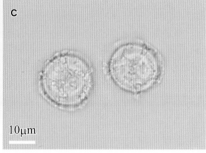

图 5.93 网孢团毛菌 *Trichia favoginea* 的形态学特征

a. 孢子果 b. 孢丝 c. 孢子

≡ *Lycoperdon favogineum* Batsch, Elench. fung. continuatio prima 257 (1786)

≡ *Stemonitis favoginea* (Batsch) J.F. Gmel., Syst. nat., ed. 13, 2(2):1470 (1792)

孢子果群生，有时近假复囊体；孢囊为短圆柱形，直径 0.5 ~ 0.7mm，高可达 2mm，橙黄色，有晕光；囊被膜质，有褶皱，黄色透明，近光滑；从顶部开裂；基质层膜质；孢丝在光学显微镜下呈淡黄色，直径 7 ~ 8μm，末端尖，较短，长 4 ~ 7μm，螺纹带 4 条，很少 3 条，规整，有细刺；孢子成堆时呈黄色或橙黄色，光学显微镜下呈淡黄色，有明显较高的脊构成的完整网纹，直径 11 ~ 13μm。

基物：腐木、枯木、树皮。

黑龙江小兴安岭：瑷珲国家森林公园、茅兰沟国家森林公园、上甘岭溪水国家森林公园、五营丰林生物圈自然保护区、逊河沿岸、凉水国家自然保护区（王琦等，1994；赵凤云等，2021）、汤旺河兴安石林森林公园（赵凤云等，2019）。

内蒙古大兴安岭：根河（陈双林等，1994）、摩天岭（陈双林等，1994；李玉等，2008a）。

标本号：HMJAU-M3071、HMJAU-M3124、HMJAU-M3175、HMJAU-M3197、HMJAU-M3214、HMJAU-M3359、HMJAU-M3966、HMJAU-M4276、HMJAU-M4351、HMJAU-M4360。

5.94　鲜黄团毛菌*Trichia lutescens* (A. Lister) A. Lister

图5.94　鲜黄团毛菌*Trichia lutescens*的形态学特征

a. 孢子果　b. 孢丝　c. 孢子

≡ *Trichia contorta* var. *lutescens* Lister, Monogr. mycetozoa, ed. 1, 169 (1894)

≡ *Hemitrichia karstenii* var. *lutescens* (Lister) Torrend, Bol. Soc. Portug. Ci. Nat. 2(1-2):61 (1909)

孢子果密群生或散生，无柄；孢囊呈鲜黄色或青褐色，有晕光或发亮，近球形或蠕虫形，直径0.3～0.6mm；囊被膜质，半透明；基质层无或不明显；孢丝成堆时呈鲜黄色，直径4.5～5.0μm，有分枝，末端渐细或分叉，尖长约5μm，螺纹带4～5条，不规整，无刺；孢子成堆时呈鲜黄色，近球形，有密疣，直径12～13μm，光学显微镜下呈淡黄色。

基物：死木或枯枝，也见于活榆树干。

黑龙江小兴安岭：凉水国家自然保护区。

内蒙古大兴安岭：摩天岭（陈双林等，1994）。

标本号：HMJAU-M3851。

团毛菌目Trichiales

5.95 环壁团毛菌 *Trichia varia* (C. H. Pers.) C. H. Pers.

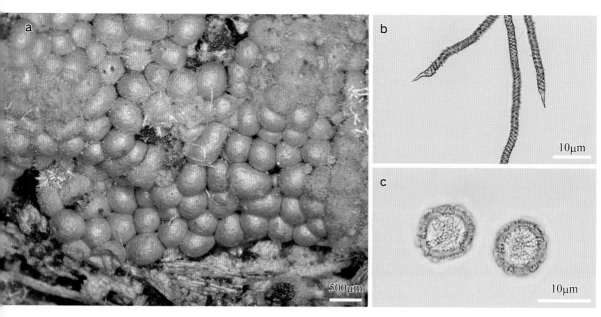

图5.95 环壁团毛菌 *Trichia varia* 的形态学特征

a. 孢子果　b. 孢丝　c. 孢子

≡ *Stemonitis varia* Pers. ex J.F. Gmel., Syst. nat., ed. 13 (Leipzig), 2(2):1470 (1792)

孢子果密群生或散生，无柄；孢囊为球形、近球形或短蠕虫形，宽0.5～0.7mm，长0.5～1.2mm，橙色、赭色或青褐色；囊被单层，膜质，有褶皱，淡黄褐色，有晕光或表面有颗粒物质；基质层扩展，角质，不明显；孢丝较长，淡黄色，直径3～5μm，末端尖细，略弯，长6～8μm，螺纹带2条，有时3条，不规整、光滑；孢子成堆时呈橙黄色，近球形，直径12～13μm，有不规则排列的柱状疣，光学显微镜下呈淡黄色。

基物：腐木、树皮。

黑龙江小兴安岭：爱辉区、汤旺河兴安石林森林公园（赵凤云等，2019）。

内蒙古大兴安岭：阿尔山（陈双林等，1994；李玉等，2008a）、摩天岭（陈双林等，1994；李玉等，2008a）、伊尔斯（陈双林等，1994；李玉等，2008a）。

标本号：HMJAU-M3228、HMJAU-M3243、HMJAU-M4337。

团毛菌目 Trichiales

5.96 疣壁团毛菌 *Trichia verrucosa* M. J. Berk.

图5.96 疣壁团毛菌 *Trichia verrucosa* 的形态学特征
a. 孢子果 b. 孢丝 c. 孢子

孢子果密集群生，无柄；孢囊呈橙黄色，有晕光，球形，直径0.5～0.7mm；囊被膜质，有褶皱，黄色透明，近光滑；从顶部开裂；基质层膜质；孢丝在光学显微镜下呈淡黄色，直径7～8μm，末端尖，较短，长4～7μm，螺纹带4条，很少3条，规整，有细刺；孢子成堆时呈黄色或橙黄色，光学显微镜下呈淡黄色，有明显较高的脊构成的完整网纹，直径11～13μm。

基物：倒木、腐木、树皮。

黑龙江小兴安岭：乌伊岭国家自然保护区、汤旺河兴安石林森林公园（赵凤云等，2019）、凉水国家自然保护区（赵凤云等，2021）。

标本号：HMJAU-M3127、HMJAU-M3128、HMJAU-M3129、HMJAU-M3131、HMJAU-M4238、HMJAU-M4334。

团毛菌目 Trichiales

5.97 球囊白柄菌 *Diachea bulbillosa* (M. J. Berk. & C. E. Broome) A. Lister

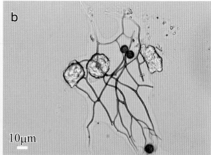

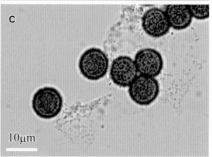

图 5.97 球囊白柄菌 *Diachea bulbillosa* 的形态学特征

a. 孢子果 b. 孢丝 c. 孢子

≡ *Didymium bulbillosum* Berk. & Broome, J. Linn. Soc., Bot. 14:84 (1873)

≡ *Diachaeella bulbillosa* (Berk. & Broome) Höhn., Sitzungsber. Kaiserl. Akad. Wiss., Math.-Naturwiss. Cl. 118:437 (1909)

孢子果群生，有柄，全高1.0～1.4mm；孢囊呈黄褐色，有蓝色晕光，近球形，囊被膜质，直径0.4～0.5mm；柄白色，有钙，向上渐细；囊轴白色，超过孢囊中心的一半；孢丝稀疏，褐色，分枝成网；孢子成堆时呈黑褐色，光学显微镜下呈浅褐色，球形，有刺或疣，直径9～10μm。

基物：枯枝、落叶。

黑龙江小兴安岭：凉水国家自然保护区（赵凤云等，2021）。

标本号：HMJAU-M3046。

附录 本书中的黏菌术语

孢囊（sporotheca）：有柄孢子果除去柄剩余的结构。

孢囊被（peridium）：一种非细胞结构的壁，其厚度不同，它包裹着孢囊的全部内部结构，将孢子包在其内，成熟时破裂或消失后孢子散出。

孢丝（capillitium）：孢丝是一种非活体的线状结构，线条可以联结成复杂的网体，与囊轴或孢被相连成为简单或分枝的线条，表面有各种纹饰，游离在孢子中间，与孢子掺混在一起，但并不与之相连，充满了孢囊的内部。

孢子（spores）：在黏菌子实体内形成微小的有细胞壁的单倍体繁殖单位。

孢子果（sporocarp）：孢子果是黏菌常见的子实体类型，为一个个分开或聚集在一起的产孢结构，有柄或无柄。

表面网（surface net）：多存在于发网菌属 Stemonitis 的类群中，由囊轴伸出的分枝孢丝，最终以囊轴为中心，在其表面融合成一个完整的网。

复囊体（aethalium）：复囊体是许多无柄孢子果错综复杂紧密地堆集交织在一起形成的，表面有共同的皮层结构。

基质层（hypothallus）：原生质团形成子实体时，一部分原生质遗留在子实体下面和基物的表面，或是原生质团鞘简单地遗留在基物上干缩而成的结构就是基质层。

假孢丝（pseudocapillitum）：假孢丝是一种线状、刚毛状、膜片状或穿孔片状的线体取代了孢丝，视为假孢丝。

假复囊体（pseudoaethalium）：假复囊体由许多孢子果紧密挤集或堆叠而成，外形像复囊体，但各个孢子果仍保持各自分明的结构而并不融合，表面也没有共同的外皮结构。

假囊轴（pseudocolumella）：假囊轴是在孢囊中部集结成较大的石灰质团块，或球状体或棒状体，不是柄的延伸，与孢囊基部和囊被都不相连。

菌核（sclerotium）：在不利的条件下，如低温、水分减少、营养物质减少和衰老等因素，原生质团会形成一种休眠结构，就是菌核。当条件适宜时，可恢复成原生质团。

联囊体（plasmodiocarp）：联囊体是一种无柄、伸长、蠕虫状、分枝的网络或环

状子实体，在一定程度上保持着原生质团的分叉状态。

囊轴（columella）：囊轴是柄在孢囊内的延伸部分，通常为圆顶状、球形或细长的结构。

黏菌（myxomycetes）：又称为原质团黏菌（plasmodial slime molds）、非细胞黏菌（acellular slime molds）、真黏菌（true slime molds），是一类营养体为变形体或原生质团，繁殖体为产生孢子的子实体的特殊的真核生物，属于变形虫界真菌虫门黏菌纲。

皮层（cortex）：子实体是复囊体的黏菌，有一层厚的钙质外壳，就是皮层，与孢囊被的作用和功能是一样的。

原生质团或原质团（plasmodia）：原生质团或原质团是黏菌形成子实体的营养阶段，可运动爬行和摄取食物。

子实体（fruiting body）：子实体是黏菌产孢结构的总称。

参考文献

陈双林, 李玉, 高文臣, 1994. 内蒙古东部林区黏菌资源初报 [J]. 吉林农业大学学报, 16(3): 7-12.

戴群, 闫淑珍, 姚慧琴, 等, 2013. 华东丘陵林地黏菌的物种多样性 [J]. 生物多样性, 21(4): 507-513.

高文臣, 李玉, 陈双林, 2000. 中国东北钙皮菌科 (Didymiaceae) 黏菌的分类研究 [J]. 吉林农业大学学报, 22(3): 39-42.

李明, 2011. 辽宁省黏菌纲多样性研究 [D]. 长春: 吉林农业大学.

李玉, 李惠中, 王琦, 等, 2008a. 中国真菌志·黏菌卷Ⅰ [M]. 北京: 科学出版社.

李玉, 李惠中, 王琦, 2008b. 中国真菌志·黏菌卷Ⅱ [M]. 北京: 科学出版社.

李玉, 刘淑艳, 2015. 菌物学 [M]. 北京: 科学出版社.

刘林馨, 2012. 小兴安岭森林生态系统植物多样性及生态服务功能价值研究 [D]. 哈尔滨: 东北林业大学.

宋天鹏, 陈双林, 2014. 黄连山自然保护区黏菌的物种多样性 [J]. 生态与农村环境学报, 30(4): 458-463.

图力古尔, 李玉, 2001. 大青沟自然保护区黏菌种类札记 [J]. 植物研究, 21(1): 34-37.

图力古尔, 杨乐, 李玉, 2005. 吉林省长白山红松阔叶林黏菌生态多样性 [J]. 生态学报, 25(12): 3133-3140.

王琦, 李玉, 1995. 黑龙江省的黏菌Ⅱ. 半网菌属一新种 [J]. 植物研究, 15(4): 444-446.

王琦, 李玉, 1996. 团网菌属黏菌一新种 [J]. 植物研究, 16(2): 28-30.

王琦, 李玉, 李传荣, 1994. 黑龙江省的黏菌——Ⅰ. 凉水自然保护区黏菌种类及分布 [J]. 植物研究, 14(3): 251-254.

杨乐, 图力古尔, 李玉, 2004. 长白山黏菌区系多样性研究 [J]. 菌物研究, 2(4): 31-34.

朱鹤, 李姝, 宋晓霞, 等, 2013. 内蒙古樟子松林黏菌资源报道 [J]. 东北林业大学学报, 41(1): 124-128.

朱鹤, 宋晓霞, 李姝, 等, 2012. 中国黏菌的三个新记录种 [J]. 菌物学报, 31(6): 947-951.

张波, 2018. 中国发网菌科黏菌分类学和分子系统学研究 [D]. 长春: 吉林农业大学.

赵凤云, 李玉, Tom Hsiang, 等, 2019. 小兴安岭两种林地的黏菌物种多样性 [J]. 生物多样性, 27(8): 896-902.

赵凤云, 李玉, 刘淑艳, 2021. 中国大小兴安岭地区黏菌名录 [J]. 菌物学报, 40(2): 306-333.

周梅, 2003. 大兴安岭落叶松林生态系统水文过程与规律研究 [D]. 北京: 北京林业大学.

Baldauf S, 2008. An overview of the phylogeny and diversity of eukaryotes[J]. J. Syst. Evol. , 46(3): 263-273.

Bapteste E, Brinkmann H, Lee J A, et al, 2002. The analysis of 100 genes supports the grouping of three highly divergent amoebae: *Dictyostelium*, *Entamoeba*, and *Mastigamoeba*[J]. Proc. Natl. Acad. Sci., 99(3): 1414-1419.

Cavalier-Smith T, 2013. Early evolution of eukaryote feeding modes, cell structural diversity, and classification of the protozoan phyla Loukozoa, Sulcozoa, and Choanozoa[J]. Eur. J. Protistol., 49(2): 115-178.

Chen S L, Li Y, 1998. Taxonomic studies on Physarum from China I. Three new species from Northeastern China[J]. Mycosystema, 17(4): 2-6.

Clark J, Haskins E F, 2014. Sporophore morphology and development in the myxomycetes: A review[J]. Mycosphere, 5(1): 153-170.

De Bary A, 1864. Die Mycetozoen (Schleimpilze): Ein Beitrag zur Kenntnis der niedersten organismen[M]. Verlag Von Wilhelm Engelmann, Leipzig.

Fiore-Donno A M, Kamono A, Meyer M, et al, 2012. 18S rDNA phylogeny of *Lamproderma* and allied genera (Stemonitales, Myxomycetes), Amoebozoa[J]. PLoS ONE, 7(4): e35359.

Keller H W, Braun K L, 1999. Myxomycetes of Ohio: Their systematics, biology, and use in teaching[J]. Ohio Biological Survey Bulletin New Series, 20: 104.

Keller H W, Everhart S E, Kilgore C M, 2017. The Myxomycetes: Introduction, basic biology, life cycles, genetics, and reproduction[M]//Stephenson S L, C Rojas. Myxomycetes: Biology, Systematics, Biogeography and Ecology, Chapter 1. Elsevier, Atlanta, Georgia.

Keller H W, O'Kennon R, Gunn G, 2016. World record myxomycete *Fuligo septica* fruiting body (aethalium)[J]. Fungi, 9(2): 6-11.

Keller H W, Skrabal M, Eliasson U H, et al, 2004. Tree canopy biodiversity in the Great Smoky Mountains National Park: ecological and developmental observations of a new myxomycete species of *Diachea*[J]. Mycologia, 96(3): 537-547.

Kirk P, Cannon P F, Minter D W, et al, 2008. Ainsworth and Bisby's Dictionary of the Fungi [M]. 10th ed. Wallingford, CAB International.

Lado C. An online nomenclatural information system of Eumycetozoa[OL]. Available from: 2005—2021. http://www.nomen.eumycetozoa.com.

Lado C, Estrada-Torres A, Stephenson S L, 2007. Myxomycetes collected in the first phase of a north-south transect of Chile[J]. Fungal Diversity, 25: 81-101.

Lado C, Eliasson U, 2017. Taxonomy and systematics: current knowledge and approaches on the taxonomic treatment of myxomycetes[M]// Stephenson S L, C Rojas. Myxomycetes: Biology, Systematics, Biogeography and Ecology, Chapter 7. Elsevier, Atlanta, Georgia.

Leontyev D V, Schnittler M, 2017. The phylogeny of myxomycetes[M]//Stephenson S L, C Rojas. Myxomycetes: Biology, Systematics, Biogeography and Ecology, Chapter 3. Elsevier, Atlanta, Georgia.

Leontyev D V, Schnittler M, Stephenson S L, et al, 2019. Towards a phylogenetic classification of the Myxomycetes[J]. Phytotaxa, 399(3): 209-238.

Li Y, Chen S L, Li H Z, 1993. Myxomycetes from China X: Additions and Notes to the Trichiaceae from

China[J]. Mycosystema, 6: 107-112.

Li Y, Li H Z, 1989. Myxomycetes from China I: A checklist of Myxomycetes from China[J]. Mycotaxon, 35(2): 429-436.

Li Y, Li H Z, 1994. Myxomycetes from China XII: A new species of Licea[J]. Mycosystema, 7: 133-135.

Li Y, Li H Z, Wang Q, et al, 1990. Myxomycetes from China VII: New species and new records of Trichiaceae[J]. Mycosystema, 3: 93-98.

Lister A, 1925. A Monograph of the Mycetozoa [M]. third ed. British Museum, London, revised by G. Lister.

Mandeel Q A, Blackwell M, 2008. Rare or rarely collected? *Comatricha mirabilis* from the desert of Bahrain[J]. Mycologia, 100(5): 742-745.

Martin G W, Alexopoulos C J, 1969. The Myxomycetes[M]. University of Iowa Press, Iowa.

Martin G W, Alexopoulos C J, Farr M L, 1983. The Genera of Myxomycetes[M]. University of Iowa Press, Iowa City.

Nannenga-Bremekamp N E, 1974. De Nederlandse Myxomyceten[M]. Biblioth, Kon, Nederl, Natuurhist.

Neubert H, Nowotny W, Baumann K, 1993. Die Myxomyceten Band 1: Ceratiomyxales, Echinosteliales, Liceales, Trichiales[M]. Baumann, Karlheinz.

Novozhilov Y K, Schnittler M, Vlasenko A V, et al, 2010. Myxomycete diversity of the Altay Mountains (southwestern Siberia, Russia)[J]. Mycotaxon, 111: 91-94.

Olive L S, 1975. The Mycetozoans[M]. Academic Press, New York, NY.

Poulain M, Meyer M, Bozonne J, 2011. Les Myxomycètes. 2 vols[M]. Fédération mycologique et botanique Dauphiné-Savoie, Sevrier.

Rojas C, Stephenson S L, 2012. Rapid assessment of the distribution of myxomycetes in a southwestern Amazon forest[J]. Fungal Ecology, 5(6): 726-733.

Ronikier A, Ronikier M, 2009. How 'alpine' are nivicolous myxomycetes? A worldwide assessment of altitudinal distribution[J]. Mycologia, 101(1): 1-16.

Rostafiń ski J, 1873. Versuch eines Systems der Mycetozoen[M]. Inaugural-dissertation, Strassburg.

Schnittler M, 2001. Ecology of myxomycetes of a winter-cold desert in western Kazakhstan[J]. Mycologia, 93(4): 653-669.

Schnittler M, Novozhilov Y K, 2000. Myxomycetes of the winter-cold desert in Western Kazakhstan[J]. Mycotaxon, 74(2): 267-285.

Schnittler M, Novozhilov Y K, Carvajal E, et al, 2013. Myxomycete diversity in the Tarim basin and eastern Tian-Shan, Xinjiang Prov., China[J]. Fungal Diversity, 59: 91-108.

Schnittler M, Stephenson S L, 2000. Myxomycete biodiversity in four different forest types in Costa Rica[J]. Mycologia, 92(4): 626-637.

Snell K L, Keller H W, 2003. Vertical distribution and assemblages of corticolous myxomycetes on five tree species in the Great Smoky Mountains National Park[J]. Mycologia, 95(4): 565-576.

Stephenson S L, Rojas C, 2017. The myxomycetes: basic biology, life cycles, genetics and reproduction[M]// Stephenson S L, C Rojas. Myxomycetes: Biology, Systematics, Biogeography and Ecology, Intruduction. Elsevier, Atlanta, Georgia.

Stephenson S L, Schnittler M, Lado C, 2004. Ecological characterization of a tropical myxomycete assemblage—Maquipucuna Cloud Forest Reserve, Ecuador[J]. Mycologia, 96(3): 488-497.

Stephenson S L, Schnittler M, Novozhilov Y K, 2008. Myxomycete diversity and distribution from the fossil record to the present[J]. Biodiversity and conservation, 17: 285-301.

Stephenson S L, Stempen H, 1994. Myxomycetes: A Handbook of Slime Molds[M]. Timber Press, Portland.

Takahashi K, Hada Y, 2009. Distribution of Myxomycetes on coarse woody debris of Pinus densiflora at different decay stages in secondary forests of western Japan[J]. Mycoscience, 50: 253-260.

Takahashi K, Hada Y, 2012. Seasonal occurrence and distribution of myxomycetes on different types of leaf litter in a warm temperate forest of western Japan[J]. Mycoscience, 53: 245-255.

Wijayawardene N N, Hyde K D, Al-Ani L K T, et al, 2020. Outline of Fungi and fungus-like taxa[J]. Mycosphere, 11(1): 1060-1456.

Wijayawardene N N, Hyde K D, Dai D Q, et al, 2022. Outline of fungi and fungus-like taxa—2021[J]. Mycosphere, 13(1): 53-453.

Wrigley De Basanta D, Lado C, Estrada-Torres C, et al, 2010. Biodiversity of myxomycetes in subantarctic forests of Patagonia and Tierra del Fuego, Argentina[J]. Nova Hedwigia, 90: 45-79.

Yamamoto Y, 1998. The Myxomycetes Biota of Japan[M]. Tokyo.

Yoon H S, Grant J, Teckle Y I, et al, 2008. Broadly sampled multigene trees of eukaryotes[J]. BMC Evol. Biol., 8(14): 1-12.

Zhao F Y, Li Y, Gao X X, et al, 2018. Myxomycetes from China 17: *Fuligo laevis* and *Physarum simplex*, newly recorded in China[J]. Mycotaxon, 133: 397-400.

Zhao F Y, Li Y, Hsiang T, et al, 2018. A new species in Physaraceae, *Craterium yichunensis* and a new record for *C. dictyosporum* in China[J]. Phytotaxa, 351(2): 181-185.

Zhao F Y, Liu S Y, Stephenson S L, et al, 2021. Morphological and molecular characterization of the new aethaloid species *Didymium yulii*[J]. Mycologia, 113(5): 1-12.

胸怀菌物世界　谱写育人华章
——谨将此书献给敬爱的老师李玉院士八秩华诞

"把蘑菇情结深植生命中的修养，为蘑菇事业奉献终身的自觉，在菌类天地间驰骋的自由，让菇农致富奔小康的善良。"这是李玉老师写给学生们的寄语，也是他矢志不渝的座右铭。

1978年，伴随着我国改革开放和恢复研究生招生工作的春风，李老师考取了吉林农业大学微生物专业硕士研究生，师从我国著名菌物学家周宗璜教授，由此开启了菌物研究工作，并与菌物世界结下了不解之缘。李老师跟随周宗璜教授克服困难、潜心钻研，在不懈努力下取得了显著成效，成为黏菌研究领域的拓荒者。李老师毕业后选择留校工作，带领学生跑遍全国各地，调查菌物分布，采集菌物标本，开展各项基础研究，克服重重困难，创建"一区一馆五库"菌物保育体系。其中，馆藏黏菌标本3万余份，报道黏菌400余种，占世界已知总量的2/3。发现国内黏菌新记录种148个，命名黏菌新种36个，成为第一个为黏菌新种命名的中国人。经过多年努力与实践，李老师带领团队成功创建了体系完备的菌物科学与工程专业，开创了我国高等教育全日制培养菌物高级专业人才的先河，在国际上率先形成了"专科-本科-硕士-博士-博士后科研工作站"完整的菌物科学与工程人才培养体系，着力培养具备菌物种质资源保育、菌类作物育种栽培、菌物功效研究以及菌类食品和药品加工等理论知识与实践技能的复合型人才，为新农科建设、脱贫攻坚及乡村振兴输送了急需人才。

我从本科到硕士、博士均师从李玉院士。1994年，我有幸考取了李老师的硕士研究生，开启了我的黏菌学研究之旅。李老师为我选择的研究方向是黏菌分子系统学，这在当时是菌物学研究的前沿。由于国内从事菌物分子系统学研究的人很少，黏菌更是没有人做。没有成功经验可以借鉴，实验进展缓慢，困难重重，在一次次失败中我开始质疑自己。但李老师却十分耐心地帮我分析原因，从国内外帮我找资料，在李老

师的细心指导、帮助和鼓励下，我坚持了下来，并取得了突破性进展，使我国黏菌分子系统学研究站在了世界的前沿，并获得国家自然科学奖二等奖。李老师不仅在工作上指导我，在生活中也时刻关心我，我一直敬称他为"严师慈父"。多年来在李老师的关爱下，我也从一名懵懂的学生成长为菌物学科的博士生导师，担负起培养高素质人才的责任。

这本《中国大小兴安岭黏菌图鉴》是李老师指导和带领我们黏菌团队多年研究成果的展现，其中凝结着李老师的大量心血与奉献。在本书筹备阶段，李老师亲自构思提纲、提出编写思路；在编写过程中，更是亲力亲为，提供了大量的翔实资料，解决各种困难和问题，使得编写工作进展顺利；在成稿阶段，不辞辛苦认真审阅，提出许多修改建议，使书稿更加优质。

李老师甘为人梯、奖掖后学，将自己全部所学毫无保留地教授给学生，他以人格魅力引导学生心灵，以学术造诣开启学生智慧，赢得了广大学子的由衷敬重。在本书正式出版之际，我们高兴地迎来了李老师的八秩华诞，谨以此书作为生日礼物献给敬爱的老师李玉院士。"菌物世界，演绎精彩人生；辛勤耕耘，收获桃李芬芳"，衷心祝福恩师生日快乐，健康长寿，幸福永伴！

学生：刘淑艳　敬祝

2022年12月于长春